# ADFER TY'N TWLL

## Hanes creu cartref eco-gyfeillgar

• Haf H. Roberts •

Argraffiad cyntaf: 2024
ⓗ testun a lluniau: Haf H. Roberts
ⓗ diagramau technegol: Tŷ Mawr a Canolfan Tywi
Cydnabyddir cyfraniadau eraill lle bo'n briodol yn y testun.

Cedwir pob hawl.
Ni chaniateir atgynhyrchu unrhyw ran o'r cyhoeddiad hwn, na'i gadw mewn cyfundrefn adferadwy, na'i drosglwyddo mewn unrhyw ddull na thrwy unrhyw gyfrwng, electronig, electrostatig, tâp magnetig, mecanyddol, ffotogopïo, recordio, nac fel arall, heb ganiatâd ymlaen llaw gan y cyhoeddwyr, Gwasg Carreg Gwalch, 12 Iard yr Orsaf, Llanrwst, Dyffryn Conwy, Cymru LL26 0EH.

Rhif Llyfr Safonol Rhyngwladol:
9-781-84527-870-0

Cyhoeddwyd gyda chymorth Cyngor Llyfrau Cymru

Dylunio'r clawr a thu mewn: Eleri Owen

Cyhoeddwyd gan Wasg Carreg Gwalch,
12 Iard yr Orsaf, Llanrwst, Dyffryn Conwy, Cymru LL26 0EH.
Ffôn: 01492 642031
e-bost: llyfrau@carreg-gwalch.cymru
lle ar y we: www.carreg-gwalch.cymru

Argraffwyd a chyhoeddwyd yng Nghymru

Cyflwynedig i Mam ac er cof am fy nhad,
a'm dysgodd sut i drin morthwyl.

*Braslun Tegid, y mab, yn dangos hanfodion byw yn y wlad: wellingtons, bwced, a chath i gadw'r llygod draw.*

# CYNNWYS

**Rhagair** ..................................... 6

**Cyflwyniad** .................................. 9

**Pennod 1** Y Weledigaeth Werdd .................... 12

**Pennod 2** Tyddyn y Celyn Gwynion ............... 18

**Pennod 3** O'r Brig i'r Bôn ....................... 32

**Pennod 4** Ffrwyno'r Elfennau .................... 56

**Pennod 5** Gwâl Gysurus ......................... 68

**Pennod 6** Teulu Ffwr a Phlu .................... 82

**Pennod 7** Byw ar Oleddf ........................ 98

# RHAGAIR

Symbyliad pwerus yw'r ysfa i adael eich ôl yn ystod eich bywyd, ac i gymryd cysur wrth wybod bod modd i chi bwyntio bys a dangos rhywle yn y byd sydd mewn gwell cyflwr o'ch herwydd. Yn y llyfr hwn, *Adfer Ty'n Twll*, ceir disgrifiad o lafur cariad Haf Roberts wrth iddi adnewyddu hen dŷ fferm ym Meirionnydd, a sut y bu iddi wireddu dyhead i ddychwelyd i fro'i hieuenctid ac ailgodi to ar hen aelwyd trwy blethu ynghyd egwyddorion o barch at ei chynefin a'r amgylchedd ehangach ochr yn ochr ag adeiladwaith caib a rhaw.

Mae 'na rywbeth hynod symbolaidd am adfer tŷ: am ei achub rhag cilio fesul cam o gyflwr annedd i gyflwr adfail. Neu'n wir ei atal rhag y newid cyflwr o fod yn gartref byw i fod yn ail gartref neu dŷ gwyliau. Pan fydd y tŷ hwnnw yn dyddyn gwledig mewn cymuned Gymraeg ei hiaith, mae'r symboliaeth yn drwm ar ysgwyddau'r sawl sydd wedi ymgymryd â'r her. Rydym yn arfer i dirwedd, tir a thai cefn gwlad Cymru gael eu caffael a'u hail addasu er budd pobl sy'n canfod eu gwerth fel eiddo'n unig. Rydym hefyd yn arfer i dristwch sefyllfa o berchnogion eiddo sy'n gweld y nesa peth i ddim gwerth yn yr hanes sy'n perthyn i'r llecyn, ac eraill sy'n datblygu heb unrhyw ddiddordeb yn y sgil effeithiau fydd eu gweithrediadau yn eu cael ar y cenedlaethau a ddaw, boed hynny'n ddiwylliannol neu'n amgylcheddol.

Ceir yma fanylder am hanes lleoliad Ty'n Twll sy'n cynnig gwers i rywun am sut i archwilio gwybodaeth. Mor braf yw mwynhau'r synnwyr o stiwardiaeth mewn eiddo a'r gwerthfawrogiad am y preswylwyr a fu gynt ac a ddaw wedyn. O 1825 tan 1963, roedd y tyddyn yn eiddo i ystâd Glan-llyn a theulu Watcyn Williams Wynn: mae addurniadau strwythurol gan y tŷ – megis yr aeliau brics dros y ffenestri gwaelod a'r drws blaen – yn nodweddiadol o weithlu'r ystâd a fyddai'n gwneud gwaith adeiladu a chynnal, ac a gafodd eu nabod fel y Gêr. O wybod hyn, mae modd canfod arddull eu gwaith ar strwythurau adeiladau eraill yn ardal Penllyn.

Dyma lyfr i ysbrydoli a rhagrybuddio ar yr un pryd. Diddorol iawn yw darllen am sut roedd yr awdur yn cadw cydbwysedd rhwng gwarchod cymeriad pensaernïol Ty'n Twll trwy ymdrechu i ddefnyddio dulliau a deunyddiau traddodiadol, ond hefyd yn cydnabod bod rhaid gallu sicrhau safonau'r 21ain ganrif o safbwynt cyflenwadau dŵr ac ynni. Mae llu o resymau pam na ellir cyfiawnhau disgwyl i bobl fyw mewn tai o'r oes a fu heb eu haddasu: mae cartref cynnes a chysylltedd yn hanfodion bywyd, nid opsiynau y gellir eu hepgor. Gan fod cymaint o stoc tai Cymru wedi'u hadeiladu dros ganrif yn ôl, mae angen ymagwedd arloesol o safbwynt rheoliadau tai mewn ardaloedd o gadwraeth megis Parciau Cenedlaethol ac o safbwynt y gefnogaeth gyhoeddus sydd ar gael i addasu adeiladau a systemau gwresogi. Nid creiriau mo cartrefi: ni ellir cyfiawnhau gorfodi i bobl grafu byw mewn henebion tamp a rhewllyd.

Mae'r awdur yn cyflwyno'i gweledigaeth werdd trwy sôn am yr egwyddorion sydd wrth wraidd y ffordd yr aeth ati i adfer Ty'n Twll, a sut na ddymunai i'w gweithrediadau gyfrannu at y traul ar fyd natur sydd wedi nodweddu'r 20fed ganrif. Penderfynodd wneud y naid a symud o gyfleusterau'r ddinas gan lawn ddeall bod angen felly ddewis byw'n symlach. Mae 'na hir hanes wrth gwrs am bobl sy'n cofnodi a chyhoeddi'u profiadau o symud i gefn gwlad Cymru a gweddnewid eu bywydau: *Hovel in the Hills* gan Elizabeth West; *Four Fields, Five Gates* gan Anne L Hill a *Place of Stones* gan Ruth Janette Ruck, jest i enwi rhai. Rwyf innau'n hoff iawn o'r cyfrolau hyn, ond rhaid dweud ei bod yn braf croesawu llyfr sy'n dehongli'r profiad yma yng Nghymru i Gymry. Mae yma gynulleidfa sy'n haeddu clywed yr hanes yn ei hiaith ei hun.

Rhaid cofio hefyd bod llawer o'r gwaith a ddisgrifir yma wedi digwydd yn ystod cyfnod cyfyngiadau Covid rhwng 2020 a 2021, wrth i lawer o bobl ail ystyried blaenoriaethau eu bywydau a hynny o dan amgylchiadau hynod anodd o ran ymdopi'n bersonol a chyflawni tasgau ymarferol a ddibynnai ar bobl eraill. Mae'n deyrnged i ddycnwch a dyfalbarhad yr awdur ei bod wedi dal ati gyda'r tyddyn a chyda'r gyfrol, ac yn donic i unrhyw un sydd wedi hitio'r wal wrth droi'r freuddwyd o adfer hen dŷ yn realiti bob dydd.

**Liz Saville Roberts A.S.**

*Y tŷ y gaeaf cyntaf dan fy ngofal*

# CYFLWYNIAD

Merch o'r Bala ydw i ac wedi cyfnod o 30 mlynedd yn byw yng Nghaerdydd yn dilyn gyrfa yn ymwneud â'r amgylchedd, a dulliau adeiladu gwyrdd yn benodol, daeth y cyfle i mi symud yn ôl i fro fy mebyd ac ailsefydlu nid nepell o'r dre. Roedd yn freuddwyd gennyf i roi'r egwyddorion gwyrdd a ddysgais drwy rinwedd fy ngwaith gyda phenseiri a chymdeithas tai ar waith mewn adeilad o'm heiddo fy hun.

Ym mis Medi 2012 a minnau ar ymweliad â chartref fy mam, gwelais fanylion tyddyn bychan ar werth yn ffenest y gwerthwr tai lleol ar Stryd Fawr y Bala.

Bu bron imi gerdded heibio, heb sylweddoli ar y dechrau ei fod ar gyrion Llyn Tegid ar ffordd Llangywer o'r Bala, prin ddwy filltir o ble roedd Mam yn byw. Roedd yna lawer o ddiddordeb wedi bod yn yr eiddo, ac roedd yr arwerthwr tai ar fin ei dynnu oddi ar y farchnad. Mynegais ddiddordeb i fynd i'w weld, a threfnais ymweliad safle y Sadwrn canlynol. Yn y cyfamser, byddai digon o amser gennyf i ystyried y manteision a'r anfanteision o symud yn ôl i ardal fy mebyd ar y daith yn ôl i'm cartref yng Nghaerdydd, gan nad oeddwn wedi disgwyl gweld eiddo oedd yn gweddu i'm gofynion yn y fan lle'm magwyd! Crwydro'r byd, fel petai, a dod yn ôl i'r fan lle cychwynnodd y daith.

Dyw'r profiad o edrych ar hen dai yn ddim byd newydd i mi: dwi'n un o'r rhai hynny sy'n gwirioni ar hen dai ac yn ystyried byw mewn tŷ newydd gyda phedair wal oeraidd, fel math o garchar. Dwi wedi ymweld â dwsinau o fythynnod ar hyd a lled Cymru dros y blynyddoedd, mewn ymgais i ddarganfod y llecyn 'perffaith' hwnnw. Rhywle nad oedd yn agos at unrhyw dŷ arall; hen adeilad gyda nodweddion a chymeriad ei gyfnod yn gyflawn; a lle y gallwn roi fy stamp fy hun ar unrhyw newidiadau. Onid yw'r rhestr yn un gyfarwydd – gyda degau o bobl yn ceisio'r un ddelwedd? Roedd tyddyn Ty'n Twll yn ffitio'r bil i'r dim: llechen lân imi gael dechrau gyda'r hanfodion symlaf fel dŵr a gwres, gan wneud hynny mewn modd mor naturiol a thraddodiadol â phosib, a chadw cymeriad, naws a bwriad y tyddyn. Fel arall, os am newid ei gymeriad yn llwyr, pam ddim byw mewn tŷ mwy modern? Dwi wedi gweld sawl enghraifft lle mae hen dŷ wedi ei drawsnewid yn llwyr ar y tu mewn heb arlliw o olion o'r hen gymeriad: waliau wedi eu plastro yn ongl syth berffaith a dim un wal igam-ogam i'w gweld o gwbl

Roedd Ty'n Twll wedi ennyn cryn dipyn o sylw, yn enwedig gan fod eiddo o'r fath yn brin ar y farchnad agored yn y darn yma o gefn gwlad Cymru. Roedd y ffaith ei fod nid nepell o'r Bala, tref fy magwraeth a chartref fy mam, yn ei wneud yn arbennig o apelgar i mi'n bersonol, gan y byddai'r ardal yn gyfarwydd i mi a theulu a ffrindiau gerllaw. Ffactor arall o'i blaid oedd nad oedd neb wedi ceisio gwneud unrhyw 'welliannau' arno – hawdd colli nodweddion hen dŷ yn y brys i'w foderneiddio heb roi ystyriaeth lawn a haeddiannol i'r hyn sy'n gweddu a chadw cymeriad adeilad. Nid hawdd cyflawni hynny ar yr un pryd â chreu cartref gyda hanfodion bywyd modern i fyw'n gysurus ynddo.

*Ty'n Twll pan brynais o gyntaf*

Ar ddiwrnod braf yn heulwen ha' bach Mihangel y flwyddyn honno y gwelais y tyddyn gyntaf; ymhlith cryn nifer o bobl eraill yn crwydro'r lle gyda'u pennau'n llawn breuddwydion ffôl. Dim ond llond llaw ohonom oedd yn ddigon hurt i gynnig amdano, drwy gymryd rhan mewn cynigion dan sêl. Wrth gwrs fy mod uwchben fy nigon pan glywais y newyddion mai fi a enillodd y cynnig; dyma wireddu breuddwyd o fod yn berchen ar ddyddyn bychan llawn cymeriad oedd yn cynnig posibiliadau lu imi osod fy marc fy hun arno. Dyma weld fy nghynllun hirdymor yn dod yn fwyfwy real – y plant wedi tyfu fyny a gadael y nyth a minnau'n meddu ar wybodaeth arbenigol o safbwynt adeiladu gwyrdd a fyddai'n gyfle imi brofi'r damcaniaethau. Dyma'r tro cyntaf imi lwyddo, a'r realiti o gymryd prosiect mawr ar fy mhlât heb neb yn gefn uniongyrchol i mi yn ymddangos yn wironeddol frawychus, hynny yw, petaswn wedi oedi i ystyried hynny o ddifri. Byddai hon yn sialens enfawr wrth gwrs, ac un a fyddai'n herio fy sgiliau a chryfder corfforol a meddyliol i'r eithaf. Ond wnes i ddim stopio i ystyried gwir faint yr orchwyl ar y pryd: mae'n debyg iawn taswn i wedi gwneud hynny a gor feddwl y sefyllfa, fyddwn i byth wedi mentro! Mae unrhyw gamp werth ei chyflawni yn haeddu ei hwynebu gyda dewrder ac elfen o ffolineb: ni fyddai modd dechrau'r gwaith petai rhywun yn rhy betrusgar. Wedi dweud hynny, yn araf deg, gan bwyll, mae mynd ymhell.

Beth yn y byd a'm denodd at brosiect mor uchelgeisiol? A hynny ar fy mhen fy hunan! Ar ben hynny, roeddwn yn agosach at oed ymddeol na'r oed delfrydol i fentro prosiect fel hyn. Mae adfer hen dŷ yng nghefn gwlad yn cymryd mwy o amser ac ymdrech na thŷ cyffredin, yn enwedig os yw o waliau cerrig ac o fewn cyfyngiadau'r Parc Cenedlaethol, fel Ty'n Twll. Er nad wyf yn hollol ddibrofiad o waith adeiladu, roedd y rhestr o waith o fy mlaen yn un hirfaith ac yn ddigon i godi braw ar y mwyaf dewr: gosod y system ddŵr a gwres; ail-doi, trwsio ffenestri a gosod deunydd ynysu; rhoi cegin ac ystafell ymolchi newydd, heb sôn am osod ffordd fynediad fwy hwylus i gyrraedd at y tŷ.

Oherwydd fy ngyrfa yn astudio ac arbrofi gyda gwahanol ffyrdd o adeiladu, a chwilio am

ddeunyddiau mwy cynaliadwy a llai andwyol i'r amgylchedd, datblygais syniadau pendant ar sut i adfer adeilad mewn modd amgylcheddol gyfeillgar. Bûm yn meithrin fy ngweledigaeth werdd dros y blynyddoedd gyda'r union amcan o roi'r egwyddorion a ddysgais ar waith ryw ddydd. Egwyddorion sy'n dra chyfarwydd inni erbyn hyn – defnyddio llai o ynni ac adnoddau a'u defnyddio'n effeithiol drwy ailddefnyddio ac ailgylchu adnoddau gymaint â phosib. Mantra cyffredin ymhlith adeiladwyr gwyrdd ydi 'ynysu, ynysu, ynysu' sef cadw'r gwres a gynhyrchir i mewn yn yr adeilad; defnyddio ynni adnewyddadwy i ddiwallu'r galw am ynni, a bod yn ymwybodol o faint o ynni a ymgorfforir mewn deunyddiau adeiladu cyffredin (*gweler Geirfa*).

Mae'n reddf sydd wedi fy arwain o'r dechrau, a dyhead y dylem i gyd barchu'r amgylchedd, defnyddio adnoddau mewn modd synhwyrol a hybu natur a mwynhau bywyd gwyllt. Fy awydd i weld a oedd modd rhoi'r egwyddorion a ddysgais o wahanol brofiadau ar waith oedd sail fy mhenderfyniad i fynd amdani a cheisio am y tŷ – doed a ddelo.

Yr olygfa, yn ddiamau, a'm denodd i wneud cynnig ar y tŷ yn y lle cyntaf. O'i flaen mae'r Arennig Fawr, y mynydd dwy glust gosgeiddig a swynodd sawl artist o fri; islaw mae Llyn Tegid yn symudliw byw, sy'n parhau i swyno artistiaid lleol. O'm cwmpas mae llechweddau coediog sy'n noddfa i fywyd gwyllt a llwybrau'r ddafad a'r llwynog. Gallaf weld golau'r cerbydau ar y ffordd ochr draw i'r llyn heb glywed eu sŵn; clywed cri'r bwncath a'r gigfran yn tarfu ar drydar yr adar mân. Pictiwr perffaith o natur ar ei orau – o leiaf dyna'r argraff gyntaf o'r lle.

Gall yr olwg gyntaf gamarwain, yn enwedig os ydi rhywun mewn cariad â lleoliad â'i fryd ar wireddu'r freuddwyd o adfer hen dŷ a dechrau bywyd newydd a ffordd symlach o fyw. Ond nid dewis syml ydi byw yng nghefn gwlad: fuodd o erioed ac nid yw heddiw chwaith. Mae'n waith caled, diddiolch ac unig yn aml iawn. Dyma hanes y gweddnewidiad, y profiadau poenus a phleserus, a dechrau hynt a helynt yr antur fawr o'm blaen.

Haf H. Roberts

*Gwrthdroad tymheredd ar Lyn Tegid*

# PENNOD 1
• Y WELEDIGAETH WERDD •

Beth yn hollol yw'r weledigaeth werdd sy'n gyrru fy holl obeithion ar gyfer Ty'n Twll? Yn syml, cariad at fyd natur, a dyhead i amharu cyn lleied â phosib ar yr amgylchedd: ar rywogaethau, adnoddau a phrosesau naturiol sy'n dylanwadu ar bob agwedd o'm bywyd; o fwyd a diod i'r holl bethau y credwn sydd eu hangen arnom yn y byd sydd ohoni. Mae gan bob un ohonom ryw ôl amgylcheddol wrth wneud dewisiadau pryniant, ond dim ond yn ddiweddar y mae effeithiau'r dewisiadau hyn wedi dod i'r amlwg i'r mwyafrif ohonom.

Cafodd trychineb y Torrey Canyon ar y 18fed o Fawrth 1967 effaith gref arnaf. Llifodd 100,000 tunnell o olew amrwd o'r tancer enfawr wedi iddo daro Craig Pollard oddi ar Ynysoedd Syllan, ar ei ffordd i Aberdaugleddau. Achoswyd niwed amgylcheddol catastroffig i fywyd y môr ger arfordir Cernyw a Llydaw. Lladdwyd tua 15,000 o adar môr ynghyd â nifer fawr o rywogaethau morol eraill, a chymerodd ddegawdau iddynt ail sefydlogi. Hynny, ynghyd â llyfr arwyddocaol Rachel Carson *Silent Spring* yn 1962, godödd fy ymwybyddiaeth o effaith llygredd ar yr amgylchedd ac a ddeffrodd yr eco warior ynof fi a'm harwain at yr awydd a'r penderfyniad i astudio'r amgylchedd fel pwnc wedi gadael yr ysgol.

### Pa mor wyrdd?

Flynyddoedd yn ddiweddarach, roeddwn yn gyfarwydd iawn â'r cysyniad o Ôl Troed Ecolegol yn dilyn fy nghyfnod yn gweithio gyda WWF Cymru, fu'n arloesi yn y maes gydag awdurdodau blaengar megis Cyngor Sir Gwynedd, Cyngor Caerdydd a Chyngor Dinesig Abertawe.

Dechreuodd fy nyhead i leihau fy ôl troed ecolegol personol a gwneud penderfyniadau mwy cyfrifol o safbwynt pryniant, yrru fy ngweledigaeth werdd – mae'n debyg y gellid ei disgrifio fel gweledigaeth werdd 'ddofn' neu wyrdd tywyll (*deep green* yn Saesneg). Ystyr hyn yw fy mod yn ceisio ystyried pob agwedd o fy mywyd yn ddigyfaddawd, o'r system wresogi i'r deunydd yn y waliau. Wedi dweud hynny, nid fi yw'r 'gwyrddaf' o bell ffordd, ond dwi ddim o'r farn mai sachliain a lludw yw'r wisg fwyaf addas ar gyfer ein dyfodol. Dwi'n credu mewn gwneud y defnydd gorau o dechnoleg, boed yn hen neu'n newydd, er mwyn cyrraedd y nod: y dechnoleg neu'r ateb mwyaf priodol i'r sefyllfa yw'r ateb gorau bob tro. A dweud y gwir, i gymharu â rhai pobl sy'n mynnu byw'n syml, mae fy myd i yn un eitha cyfforddus o gonfensiynol. Dwi'n berchen ar gar, er enghraifft, ac mae gen i gysylltiad trydan i'r tŷ. Fel popeth arall mewn bywyd, mae 'na wastad rywun sy'n mynd gam ymhellach ac yn cymryd safiad mwy, neu lai, eithafol. Ond mae gorddefnydd yn ddiweddar o'r gair 'cynaliadwy' yn ddi-os, heb ystyried ei ystyr llawn a goblygiadau ei ddefnyddio. Defnyddir y gair i ddisgrifio prosiectau adeiladu ble mae cerrig llawr yn cael eu mewnforio o'r Eidal a gwledydd tramor tebyg heb ystyried y gost amgylcheddol o gloddio am y deunydd amrwd a'r defnydd o ynni sydd ynghlwm â phrosesu cynnyrch o'r fath. Mewnforir llechi yn yr un modd, er eu bod yn un o gynnyrch pwysicaf Cymru yn hanesyddol.

*Simnai a phaneli solar yn cyfuno'r hen a'r newydd*

## Y Sialens

Wrth ddod yn berchen ar y tyddyn diarffordd, cymerais innau gam yn nes at arafu o gyflymder bywyd y ddinas. Roeddwn yn dechrau cymryd amser i sylwi a gwerthfawrogi'r pethau bychain o'm cwmpas. Dechreuais feddwl am leihau fy nefnydd o ynni ac ymchwilio i ffynhonnell adnewyddadwy ar gyfer y tŷ. Ystyriaethau eraill oedd defnydd darbodus o ddŵr, tyfu llysiau a chadw anifeiliaid addas ar gyfer tyddyn bychan, plannu coed a garddio er mwyn hybu natur ... a'r cyfan ar lain o dir llai nag acer o faint. Roedd y geiriau a ddefnyddiodd Henry David Thoreau dros 150 o flynyddoedd yn ôl, 'simplify, simplify', yn troi yn fy mhen – dilynais ei ymdrechion ef i bwyso a mesur dewisiadau bywyd yn hytrach na dilyn llif y mwyafrif. Mae'r mantra yn un cyfarwydd a modern iawn bellach, heb sôn am fod yn ffasiynol ac *on-trend*, ond cymaint mwy yw'r angen am ei ddadansoddi dwys a'i ddoethineb pellgyrhaeddol heddiw.

Byddai adnewyddu Ty'n Twll yn gyfle i mi roi ar waith yr hyn yr oeddwn eisoes wedi'i ddysgu am adeiladau gwyrdd a dulliau ecogyfeillgar o adeiladu, gan gynnwys defnyddio cywarch a gwellt i adeiladu ochr yn ochr â thechnoleg fwy modern, fel paneli solar. Mae'r arfer o ddefnyddio calch i adeiladu wedi atgyfodi, a'r cyfuniad o'r hen a'r newydd yn gallu gweithio'n dda mewn prosiect adnewyddu. Dyna fy nod wrth fentro adnewyddu'r tyddyn.

Tydi'r freuddwyd o ffoi o'r ddinas fawr a mynd i fyw'r bywyd syml, hunangynhaliol yng nghefn gwlad yn ddim byd newydd. Mae'n hen arferiad, a gwelwyd nifer o fewnfudwyr yn ystod y 1970au yn troi cefn ar gymdeithas i chwilio am fywyd symlach. Mae Canolfan y Dechnoleg Amgen ym Machynlleth yn dyst i'r mewnlif cyntaf hwnnw a fu'n derbyn ymwelwyr o bob cwr o'r byd i'w haddysgu sut i oroesi melltithion ein bywydau cymhleth a niweidiol.

Ymhlith y rhai symudodd i Gymru i fyw roedd John Seymour, awdur y llyfr enwog ac eiconig *The Complete Book of Self-Sufficiency* sy'n dal yn boblogaidd, ac sydd ar silffoedd tai pobl ifainc erbyn hyn. Hanfod y gyfrol yw cyfarwyddyd ar sut i fyw'n annibynnol o wasanaethau a phrosesau'r byd tu allan i'r byd hunangynhaliol. Ceir penodau ar sut i gadw ieir, geifr a moch, er enghraifft, a sut i ladd a phrosesu'r anifeiliaid ar gyfer eu bwyta gartref. Felly, nid figan mohono, ond amaethwr brwd!

Mae'r arferiad o ddychwelyd at y tir a ffordd symlach o fyw yn dal i ffynnu, a gwelir ton o fewnfudwyr brwd yn dilyn y tueddiad hwn bob blwyddyn gan ddianc i bellteroedd gwyllt Cymru am flas o'r tir. Wrth i mi sgwennu hwn yn ystod cyfnod digynsail pandemig Cofid-19, mae'r amgylchiadau wedi amlygu'r mewnlifiad wrth i bobl o ddinasoedd a threfi mawr geisio tawelwch a harddwch cefn gwlad Cymru. Mae'r tueddiad i ffoi o'r ddinas yn ôl mewn ffasiwn ac yn f'atgoffa o gyfrol sy'n disgrifio hanes rhai o'r bobl gyntaf i wneud hynny.

Gwnaeth cyfrol Elizabeth West, *Hovel in the Hills*, argraff ddofn arnaf yn ystod fy arddegau. Ynddi mae hanes un a symudodd o Fryste i fferm o'r enw Hafod, murddun ar fynydd Hiraethog ble bu'n byw am gyfnod hir gyda'i gŵr yn ystod y 1960au. Roeddwn wedi dotio at ei disgrifiadau o fywyd gwyllt, caledi gaeafau'r cyfnod, a'r trwsio a'r gwaith cynnal a chadw diddiwedd oedd ei angen ar y tyddyn. Er bod hanes molchi mewn dŵr oer yn apelio llai, llwyddodd i rannu ei chariad at y llecyn hynod hwnnw, a dengys ei disgrifiadau o'i hymdrechion i stopio tamprwydd a glaw rhag difetha'r tŷ ddyfalbarhad a dycnwch. Llwyddodd y ddau i drawsnewid y cartref a'r ardd yn hafan fechan, ac i fwynhau eu bywyd ar wahân i weddill cymdeithas. Mae disgrifiadau West o fwydo'r Titw Tomos bach glas roedd hi wedi'i enwi'n Peanut â llaw yn apelgar tu hwnt, a'r ffotograffau'n dangos y berthynas agos oedd ganddi gyda'r natur wyllt o'i chwmpas. Ond nid rhamantu am ei sefyllfa a wna, ond disgrifio'n ddi-flewyn-ar-dafod agweddau o'r bywyd caled ac anarferol y dewisodd ei ddilyn. Erbyn hyn, mae hanesion merched yn brwydro'r elfennau ac yn ceisio byw bywyd hunangynhaliol yn boblogaidd, a chyhoeddwyd dwy gyfrol yn ddiweddar: hanes Tamsin Calidas yn *I am an Island* a Rebecca Schiller yn *Earthed* – un yn disgrifio ei hymdrechion i oroesi tor priodas a bywyd unig ar ynys anghysbell Lismore, un o Ynysoedd Heledd, a'r llall yn ddisgrifiad graffig o drafferthion meddyliol a diagnosis ADHD yr awdur a'i effaith ar fywyd y teulu mewn tyddyn bychan yn Lloegr. Beth sy'n ddiddorol i mi yw cymharu ymateb unigolion i sefyllfaoedd arbennig: sut mae un peth yn effeithio'n drwm ar un person ac yn cael dim dylanwad ar arall. Er enghraifft, mae'r ymdrechion i ymrafael â'r tywydd drwg yn rhwystr sy'n poenydio un awdur, ond yn rhan annatod o fywyd i'r llall, ac o ganlyniad, ddim yn werth gofidio amdano.

Ar y pryd roeddwn i'n dyfalu sut y byddwn i'n ymateb i amgylchiadau o'r fath. A oedd fy agwedd i at fywyd yn golygu y byddwn i'n dal i drio nes byddwn yn llwyddo? Yn sicr, does 'run ysgol fel ysgol bywyd, a buan iawn y daeth yr amser i mi brofi fy hun. Mae'n debyg mai teyrnged i'r dylanwadau hyn – a'r hanesion niferus ar y we am bobl yn dianc i fyd natur – ydi'r gwaith o adfer Ty'n Twll, a'r gyfrol yma yn ei thro yn disgrifio'r gorchwyl hwnnw – y boddhad a'r anawsterau a ddaeth i'm rhan tra roeddwn yn ei adnewyddu. Bu'n daith a brofodd ddycnwch fy nghorff a'm cryfder meddyliol droeon, ond bu'n daith fythgofiadwy. Fyddwn i wedi newid rhai agweddau o'r hyn a wnes i? Yn sicr. Ond a ydw i'n difaru dechrau ar y fath brosiect? Dim o gwbl.

*Dail dan y rhew*

# PENNOD 2
• TYDDYN Y CELYN GWYNION •

Er mod i wedi fy ngeni a'm magu yn y Bala, nid oeddwn wedi ymweld â Thy'n Twll erioed o'r blaen; roedd fy nhad yn gyfarwydd ag o oherwydd ei deithiau cerdded cyson o amgylch yr ardal. Bu imi ddod yn agos iawn i gerdded heibio'r tyddyn pellennig rhyw bnawn, wrth rodio'i lawr heibio hen gartref adnabyddus Bryniau Golau, ar ôl taith i fyny'r bryn heibio iddo. Roeddwn yn fwy cyfarwydd efo'r tyddyn diarffordd o'r enw Ty'n Bryn, uwchben llecyn o'r enw Ffridd Fach Ddeiliog, wedi ei ffeindio'n ôl yn y 1970au. Byth ers hynny roedd rhamant y llecyn wedi fy swyno, a hyd yn oed yn ifanc deffrodd ddyhead ynof i fyw mewn tyddyn pellennig fy hun, rhyw ddydd. Byddai Nain yn sôn llawer am yr ardal hon; roedd yr enw'n gyfarwydd iawn imi ers fy mhlentyndod a rhyw naws hudolus yn perthyn i'r lle. Wn i ddim yn iawn pam, falle am ei fod yn guddfan i fywyd gwyllt fel y dylluan wen, neu am ei fod ar dop y bryn, yn edrych i lawr ar y llyn a'r Bala ac yn rhoi golwg arall ar bethau di-nod bywyd merch yn ei harddegau.

Un o'r rhesymau pennaf dros ymchwilio hanes y tŷ oedd chwilfrydedd i wybod pa mor hynafol oedd ei leoliad a pha mor bell yn ôl y treiddiai'r hanes amdano. Gallwn weld o wneuthuriad yr adeilad ei fod o hanner olaf y 19eg ganrif; mae'r cliw yn y bwa brics uwchben y drws a ffenestri blaen y tŷ. Daw arwyddocâd y rhain yn amlwg yn nes ymlaen.

Rhaid cyfaddef mai un o'm hoff bethau yw ymchwilio i hanes adeiladau: gellir adnabod nodweddion o wahanol gyfnodau yn y tŷ ei hun, holi hwn a'r llall, a cheisio darganfod hanes ysgrifenedig, neu luniau a mapiau. Gall dealltwriaeth o arwyddocâd nodweddion arbennig adeilad helpu i lunio barn am beth i'w gadw a'i drysori hefyd. Er enghraifft, y llefydd tân bwaog uwchben y lle tân yn y gegin a'r stafell eistedd.

Bûm yn pori drwy archifau ac astudio hen fapiau'n drylwyr. Cyn dyfodiad y We arferai hyn olygu teithio o amgylch y wlad yn ymweld â llyfrgelloedd ac archifau perthnasol. Byddai'n golygu oriau yn mynd o un lle i'r llall, heb sôn am grwydro drwy'r casgliadau maith. Drwy wyrth technoleg a'r nod yn ddiweddar o ymestyn mynediad at drysorau archifol i bawb, mae'r broses ymchwil yn un llawer mwy hwylus y dyddiau hyn, a gall unrhyw un bori'r casgliadau gyda help cyfrifiadur a chysylltiad band llydan, ac ychydig o amynedd.

Ond ble i ddechrau? Bûm yn astudio sawl ffynhonnell; ond un cysylltiad ffodus oedd darganfod bod awdur o dras un o deuluoedd Llangywer wedi gwneud ymchwil helaeth ar hanes yr ardal. Dois i ddibynnu'n helaeth ar ymchwil Pamela Buttrey, yn enwedig wrth ymchwilio hanes cynnar ffermydd yr ardal yn Llangywer.

Pleser hefyd oedd dod ar draws prosiect 'Cynefin: Ymdeimlad o Le' yng Nghymru a fu'n gyfrifol am gatalogio a digido mapiau Degwm Cymru. Mae'r rhain yn cynnwys enwau caeau ar yr atodlen neu'r dosraniad sy'n dangos y ffermydd ar y mapiau o'r cyfnod.

Nodwyd hanes Ty'n Twll gyntaf yn yr 17eg ganrif, a hynny dan enw hollol wahanol, arferiad sy'n gyffredin mewn dogfennau cyfreithiol cynnar, yn ôl be' dwi'n ddeall.

Roedd yn arferiad eithaf cyffredin i hen dai feddu ar fwy nag un enw, fel mae'r dogfennau archifol yn tystio.

Daw'r cofnod ysgrifenedig cyntaf mewn dogfen o Archifdy Sir Ddinbych dyddiedig Mai 15fed 1649. Ynddo mae'n enwi Pant yr Onnen, Tythyn y Rhyd wenny, Tythyn y Kylyne gwenion ymhlith enwau'r 'messuages' eraill (sef tai gyda thir ac adeiladau allanol). Mae'r ddau gyntaf yn ffermydd cyfarwydd yn yr ardal heddiw, ac ymddengys mai Tyddyn y Celyn Gwynion oedd un o'r enwau cynharaf ar Dy'n Twll, yn ogystal â Tyddyn y Murddyn Gwyn. Ceir cofnod arall dyddiedig Gorffennaf 25ain 1694 ble y'i disgrifir fel Tyddyn y Celin gwinnion.

O archif Dolgellau y daw'r cofnod cyntaf dan yr enw Ty'n Twll: cofnod o'r flwyddyn 1694 pan enwir 'Tythyn y Tull' mewn cytundeb rhwng Ellis Oliver o Benmaen a Simon Lloyd o Blasyndre, y ddau o ardal y Bala, am swm o £116.8.0 (yn cyfateb i dros £24,000 yn arian heddiw) Felly mae yma dystiolaeth o adeilad yn bodoli ar y safle ers y 17eg ganrif – bron 375 mlynedd yn ôl. Mae'r lleoliad yn hen safle felly a chryn nifer o genedlaethau wedi byw a thrin y tir yn ei gyffiniau.

Daw cofnod diweddarach yn 1732 gyda Catherine Jones, gweddw Gruffydd Evans, Pantyronnen, yn codi morgais o £300 ar fferm Bryn Hynod a Thy'n Twll, gyda'i mab Evan Evans. Byddai'r swm yma yn gyfwerth â thua £75,836 yn arian heddiw.

| | |
|---|---|
| **Ar gadw yn:** | Denbighshire Archive Service |
| **Cyfeirnod dogfen:** | DD/WY/2396 |
| **Dyddiad:** | 15 May 1649 |
| **Lefel:** | item |
| **Maint:** | 1 item |
| **Disgrifiad:** | (i) Robert Vaughan of Llangower, co. Merioneth, gent. <br> (ii) Lewis Lloyd of Rhiwedog, co. Merioneth, esq., and David ap Humffrey of Maes y Vallen, co. Merioneth, gent. <br> (iii) David Ellis of Bedwenny, co. Merioneth, gent. <br> messuages called Pant yr Onnen, Tythyn y Rhyd wenny, Tythyn y kylyne gwenion, Tythyn y Penrhyn, Tythyn y Voel, Tythyn Elen verch Evan, Tythyn Evan ap Madog, Cae yr Herme, Y Cae gwynn, Tythyn y Plasi Onn alias Y Bryn hynod, Tythyn Evan ddu, Tythyn Mori sap Pelyn, Cay Cadwgan, Y Wern Goch and all barns and lands appurtenant in Dwygraig, co. Merioneth to (ii) upon trusts. <br> Consideration: previous marriage of (i) and Sibill, daughter of David ap Humffrey and her portion of £300. |

*Cofnod cyntaf o'r tyddyn o Archifdy Sir Ddinbych*

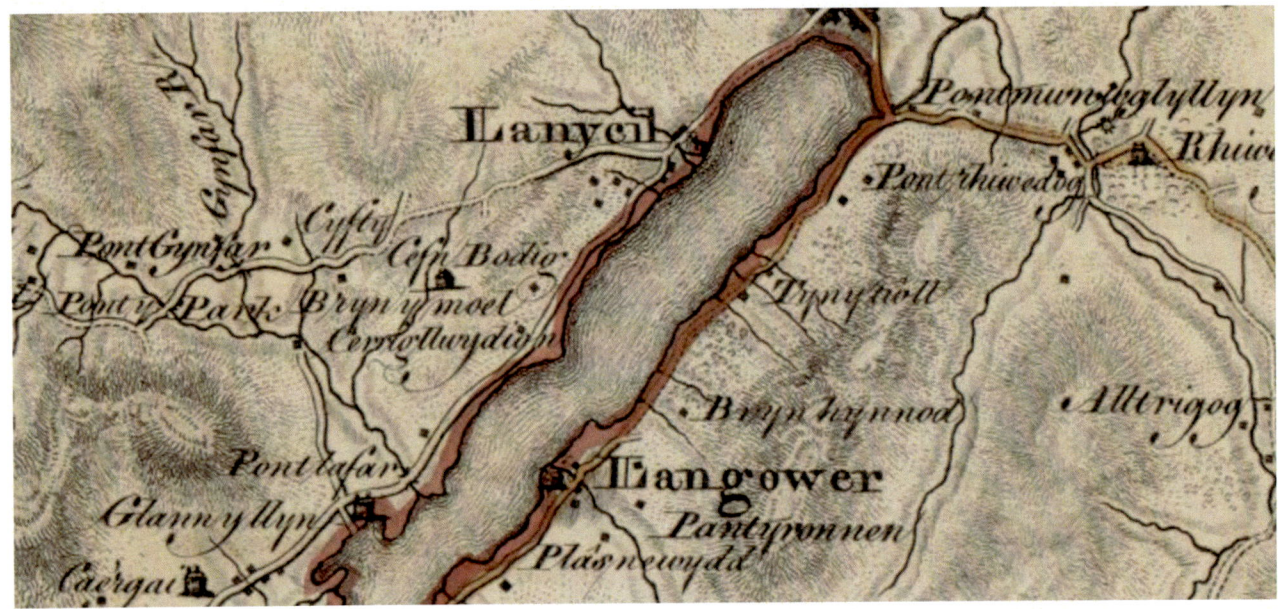
Map John Evans o'r ardal o 1795

Erbyn 1741 roedd ym meddiant Edward Owen, perchennog sawl eiddo yn yr ardal, ar gyfer ei osod. Eto yn 1793 fe'i gwerthwyd gan John Kendrick i Edward Davies o Bryn Tirion, y fferm islaw. Bryd hynny, rhannwyd y tiroedd rhwng y ddwy fferm a sonnir am adeiladu bwthyn ar dir Bryn Tirion. Mae rhaniadau'r tir o'r cyfnod yma wedi golygu nad oes ond hawl tramwy dros y ffordd ar draws caeau Bryn Tirion i gyrraedd y tyddyn. Enwir Bryn Hynod yn ogystal â Thy'n Twll ar y mapiau cynharaf hyn.

Mae eto gofnod ble gadawodd Rowland Evans (m 1815) y tŷ i Evan Hughes, ei ŵyr, a Hugh Ellis, y sonnir amdano yn y Cyfrifiad, isod.

Y cofnod cyntaf gyda'r enw Tynytwll ar unrhyw fap y gallaf ei ffeindio ydi map John Evans ar gyfer Syr Watcyn Williams Wynn gyhoeddwyd yn 1795. Enwir Bryn Hynnod (sic), Pantyronnen a Phlas Newydd (Tŷ Cerrig yn awr) arno hefyd. Mae map Charles a John Greenwood o 1834 yn dangos Tyntwll a'r tri uchod hefyd, ac yn ddiddorol iawn cedwir patrwm yr adeiladau ynghlwm â'r tyddyn yr un fath hyd heddiw. Ceir sawl sillafiad gwahanol i'r enwau hyn, megis Tyn Twll, Ty'n y Twll, a Tyn y Twll, sy'n gwneud ymchwilio ar lein yn ddiddorol, a dweud y lleiaf, gan fod y newid manaf yn gallu amlygu canlyniadau pur wahanol bob tro. Gallai'r gair 'Tŷ' mewn enw lle olygu 'tyddyn', wrth gwrs. Heb allu chwilio ffynonellau ein harchifdai a'n llyfrgelloedd amhrisiadwy ar lein, mi fyddai'r gwaith o ymchwilio achau a hanes lleol yn llawer mwy llafurus.

Erbyn heddiw, dim ond 'Coed Ty'n y Twll' sy'n

haeddu'i enwi ar fap Ordnans OL 18 ac nid yw enw'r annedd ei hun yn ymddangos arno, er ei fod ar y map taflen 117 dyddiedig 1963.

Yn 1825 daeth llawer o ffermdai a thyddynnod yn yr ardal i feddiant teulu Watcyn Williams Wynn a Stad Glan-llyn. Pan werthwyd tiroedd y Stad yn 1963, daeth i feddiant Dafydd a Harriet Roberts Bryn Hynod. Wedi hynny, tenantiaid fu'n byw yno tan i mi ei berchnogi hanner canrif yn ddiweddarach, wedi i linach Harriet ddod i ben yn 2012. Ni fu Harriet yn byw yn Nhy'n Twll, yn ôl y sôn. Fferm Cornelau yn uwch i fyny ar fynydd Cefnddwygraig oedd ei chartref hi. Felly, tŷ ar osod oedd Ty'n Twll am amser maith. Hyn, a'r ffaith nad oes modd ymestyn y tŷ i unrhyw gyfeiriad i'r dde na'r chwith ohono, sydd wedi sicrhau nad oes fawr newidiadau a allai andwyo cymeriad a symlrwydd yr adeilad. Mae'r ffaith ei fod yn dŷ cyffredin, di-nod ar gyfer y werin wedi ei arbed rhag dinistr gwelliannau modern. Erys natur syml a diffwdan yr adeilad hyd heddiw.

Mae'r mwyafrif o'r adeilad presennol yn dyddio o'r cyfnod ar ôl 1825 pan ddaeth i feddiant Stad Glan-llyn: mae'r cliwiau i'w gweld yn y bensaernïaeth sydd yn nodedig i'r Stad. Down at y cliwiau mewn munud, gan ei bod yn werth sôn am sut y dois ar draws yr ymchwil a ddatgelodd y cyfan.

Mae'r tyddyn ar sail cynllun syml iawn o ddwy ystafell lawr grisiau a dwy lofft uwchben, gyda chyntedd a gofod pen y grisiau. Mae'r patrwm syml yma'n parhau, ar wahân i'r estyniad ar gyfer llaethdy yn y cefn, oherwydd cyfyngiadau ffisegol safle'r adeilad. Gyda llaw, mae'n debyg mai oherwydd y llaethdy a'r awyr laith yno yr achoswyd breuder trawstiau'r to yn y fan honno. Bu raid imi eu tynnu ymaith a rhoi trawstiau newydd yn eu lle, ond mwy am hynny yn nes ymlaen.

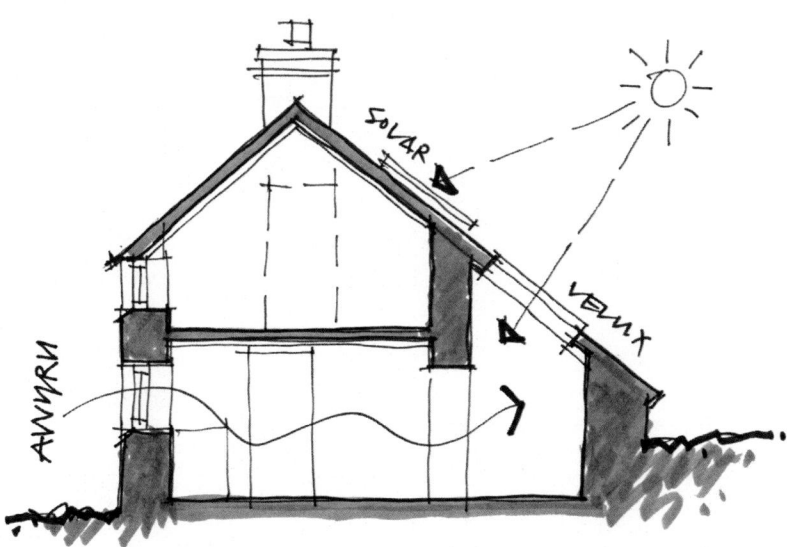

*Braslun y pensaer o'r tyddyn yn dangos y cynllun*

Mae nifer o nodweddion cyffredin, fel y brics sy'n ffurfio bwa nodedig uwchben y ffenestri, y drws a'r lle tân – patrwm sy'n cael ei ailadrodd ac yn farc o grefftwaith y cyfnod yn yr adeiladau cynhenid a thraddodiadol hyn. Dilyna ffermdai eraill adnabyddus yr ardal batrwm tebyg ac mae i'w weld mewn dwy res o dai sy'n sefyll yn Station Road a Heol yr Eglwys, Llanuwchllyn. Y prif reswm am hyn oedd tîm adeiladu Glan-llyn a elwid 'Y Gêr.' Grŵp o weithwyr y Stad oeddynt, yn dowyr, seiri a seiri maen a fyddai'n cwblhau'r gwaith o adfer tai'r tenantiaid ar ran y tirfeddiannwr Syr Watcyn Williams Wynn. Wrth ddarganfod dyddiad codi rhai o'r adeiladau hyn, mae modd dyddio'r mwyafrif o strwythur adeiladwaith y tŷ. Er enghraifft, mae olion y llif goed a ddefnyddid ar y groesbren yn y to yn nodi cyfnod arbennig yn deillio o ganol y ganrif cyn diwethaf, fel y mae'r brics a gwneuthuriad y ffenestri a'r aelwydydd. Mae'r tebygrwydd rhwng bwa frics aelwyd Eithinfynydd a Thy'n Twll yn drawiadol: does dim amheuaeth mai'r un adeiladwyr a fu wrthi. Ceir hanes gweithwyr y Gêr yng nghyfrol adnabyddus *Atgofion am Lanuwchllyn* E. D. Rowlands, yn ogystal â chyfrol ddiddorol Ifan Henryd.

Mae cofnodion diddorol iawn wedi dod o hen lyfr cyfrifon teulu Eithinfynydd, Llanuwchllyn ar gyfer y cyfnod 1867 a 1882 yn nodi derbyniadau a thaliadau sy'n rhoi darlun gwerthfawr o fywyd yr oes a fu: prisiau defnyddiau, yr offer a ddefnyddiwyd a thollau'r tyrpeg ar y pryd. Mae cyfrifon tyrpeg 1868-9 yn nodi gwaith atgyweirio ac ailadeiladu fferm Eithinfynydd. Fel rhan o Stad Glan-llyn roedd yn eiddo i Syr Watcyn Williams-Wynn, etifeddiaeth teulu Wynniaid Wynnstay. Un o delerau'r denantiaeth oedd mai crefftwyr a gweithwyr y stad a fyddai'n cyflawni'r gwaith pan oeddynt yn adfer ac atgyweirio'r adeiladau, a chyfrifoldeb y tenant oedd cludo'r holl ddeunyddiau oedd eu hangen. Y meistr tir, Syr Watkin, fyddai'n ad-dalu tollau'r tyrpeg drwy ei

*Cymharu bwa pentan Ty'n Twll ac Eithinfynydd*

asiant tir. Dyma fyddai'r drefn ar gyfer pob tenant ac mae'n bur debyg y byddai deunyddiau ac offer tebyg yn gyfrifol am welliannau Ty'n Twll tua'r un amser hefyd.

Mae'r cofnod rhwng Mai 1868 a Mawrth 1869 yn hynod ddiddorol o safbwynt pa offer adeiladu oedd angen eu cludo i'r ffermdai: calch, distiau llofft, llechi a cherrig gleision i'r lloriau. Rhestrir brics (a gludwyd ar y trên o Riwabon pan agorwyd y lein yn 1868), coed, fframiau drysau a ffenestri, ais, sbarars (coed i'r to), cerrig crib, byrddau llofftio a 'hobed o flew', sef rhawn ceffyl, ar gyfer rhwymo'r plaster calch. Sonnir hefyd am gael grât newydd i'r tân, pren gwely, weddarglas (sic) a biwro a chofnod o ble y'i prynwyd.

Ffynhonnell arall ddefnyddiol i olrhain hanes y tŷ yw'r adroddiadau ar gyflwr tai. Gwnaed un yn 1873 a'r llall yn 1900. Dyma'r cofnod ar gyfer Ty'n Twll gyda'r dyddiad archwilio ar y 10fed o Fehefin 1899.

**Ty'nytwll** (sic) **Owner:** Sir W. W. Wynn, Bart.
**Occupier:** Hugh Roberts
**No. of family:** 1 male 3 females

**Sanitary Condition of Premises etc:**
*Very nice farmhouse. Two well ventilated bedrooms; but the pigsty is situated within a few yards of the back door of house.*

Mae'n werth nodi bod y ddwy ystafell wely braf a'r twlc mochyn yma o hyd, ond yr olaf heb y moch, ysywaeth. Hyd yma, beth bynnag.

Ar fap y Degwm 1844 sy'n hongian yn Neuadd Llangywer enwir y tŷ yn Tyddyn Bach, er mai Ty'n Twll sydd ar y Dosraniad neu'r Atodlen, fel y'i disgrifir gan Lyfrgell Genedlaethol Cymru.

Gŵr o'r enw Hugh Ellis oedd yn byw yma bryd hynny. Mae'n ymddangos bod nifer o adeiladau o

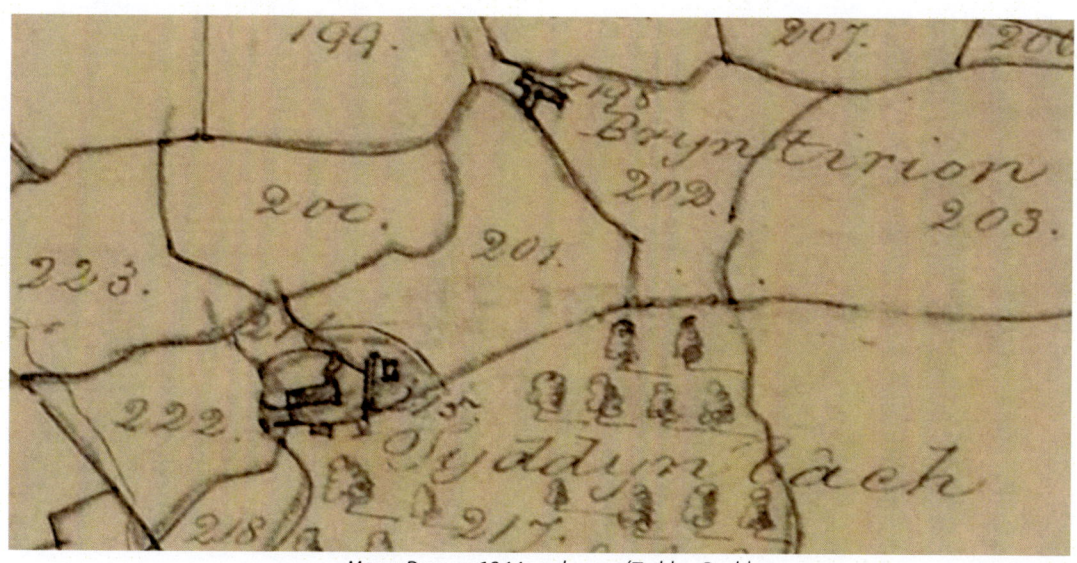

*Map y Degwm 1844 yn dangos 'Tyddyn Bach'*

gwmpas un clwstwr ac mai cutiau anifeiliaid oedd y mwyafrif. Mae'n werth nodi bod y coed tu ôl i'r tŷ sydd i'w weld ar y map yn blanhigfa o goed collddail brodorol eto heddiw ac yn gynefin i anifeiliaid gwyllt o bob math.

Diddorol nodi mewn llyfryn bychan a ddaeth imi gan deulu fy mam: *Clustnodydd, neu Gydymaith y Bugail* o 1868. Ynddo cofnodir nodau clust ym Maldwyn, Meirion a Dinbych ac mae'n werthfawr o ran nodi'r arferiad o dorri clustiau defaid, sydd wedi hen ddiflannu gyda tagiau plastig yn cymryd eu lle. Dengys ar dudalen 80 mai Sgiw oedd nod clust Ty'n Twll, ond mae hefyd yn hynod ddifyr o safbwynt cofnodi enwau'r ffermydd yn yr ardal, rhai ohonynt sydd yn adfeilion bellach neu wedi hen ddiflannu. Dyna waith ymchwil gwerth chweil fuasai cofnodi hanes yr hen ffermydd a'u lleoliad, a'r rheswm nad oes rhai enwau ffermydd cyfarwydd wedi eu cynnwys. Er enghraifft, nid oes sôn am Rhydydefaid, o ble daeth y gyfrol; efallai am mai gwartheg a gedwid yno, serch yr enw?

O astudio'r mapiau gyda'i gilydd mae modd gweld bod y ffin wreiddiol rhwng Ty'n Twll a Bryn Hynod yn dilyn llif y nant sy'n bwydo'r ffynnon. Braf fyddai darganfod enw'r nant fechan sydd mor bwysig fel ffynhonnell ddŵr i'r tŷ. Am y tro cyntaf ers imi fod yma fe sychodd y llif yn gyfan gwbl yn 2020, ar waethaf y llifogydd a gawsom yn gynharach yn y flwyddyn. Cyfnod o lifogydd a sychder sydd yn gosod patrwm i'r dyfodol ac yn creu ansicrwydd ynglŷn â sicrhau llif dŵr dibynadwy, sy'n ddigon i beri gofid ynglŷn ag effeithiau hirdymor ein hinsawdd ansefydlog o dan ddylanwad cynhesu byd-eang.

*Beudy Bach dan eira*

Ar y map Ordnans o 1889 mae nifer o nodweddion diddorol eraill y gellir eu nodi. Y pier a'r Boat House, er enghraifft, yn dangos bod y llyn yn ddolen bwysig ym mywyd yr amaethwr gan ei bod yn haws teithio dros y llyn yn amlach na mynd rownd yr holl ffordd i'r Bala wrth deithio i weld teulu a chymdogion. Dwi'n cyfeirio at hanes eithaf diweddar o daith dros y llyn i weld teulu yn nes ymlaen yn y bennod.

Ar y map Ordnans 1889 hefyd gwelir adeilad ar diroedd Ty'n Twll ychydig pellach o'r lleill dan yr enw Beudy Bach. Mae hwn i'w weld yn furddun heddiw ond olion simnai yn dynodi mai annedd oedd ar un amser. Bryd hynny, roedd yn sefyll ar dir Ty'n Twll, sef Cae'r Ysgubor yn ôl map y degwm. Yn sicr, mae ei leoliad ger y llwybr troed sy'n cysylltu'r ffermdai a'i simnai yn awgrymu ei fod wedi cynnal teulu ar un adeg.

Roedd yr hen ffordd o Ddinas Mawddwy i'r Bala yn rhedeg heibio'r ffermdy, yn hytrach na dilyn y ffordd islaw. Gwyddom fod Mary Jones ar ei thaith enwog o Lanfihangel-y-Pennant i nôl ei Beibl gan Thomas Charles wedi pasio heibio'r ffermdai ar y llwybr uchaf o Langywer i'r Bala. Heddiw mae'n boblogaidd iawn gyda cherddwyr o bob math, gan gynnwys pobl leol gan fod golygfeydd godidog i'w gweld o Lyn Tegid a'r cyffiniau o'r uchder yma.

Y nodwedd fwyaf pwysig, i'm tyb i, ydi'r fan a elwir Beddau'r Brenhinoedd sy'n gorwedd yn Blaen Cae, rhwng Bryn Hynod a Thy'n Twll. Mae'r safle tua hanner ffordd rhwng y ddau le ar lwybr yr hen ffordd ar lethrau Is-Afon o'r plwy. Dwy garreg wastad sy'n dynodi hen feddrod ein cyndeidiau ac a gofnodir gan y Comisiwn Henebion

*Dafydd a Harriet Roberts a Llyn Tegid tu ôl iddynt*

fel safle tebygol ar gyfer claddu, ond heb ddim olion i ddatgelu ei hanes – felly'n amhosib ei ddyddio. Hawdd credu, wrth gerdded yr hen lwybrau ar lethrau uwchben Llyn Tegid, fod bodolaeth presenoldeb eraill fu'n cerdded yr union lwybrau ac yn byw yn y safle godidog yma wedi eu cofnodi a'u diogelu yn y ddaear hanesyddol hon.

## Lleisiau'r Gorffennol

Y cymeriad mwyaf nodedig ymhlith y lliaws sydd ynghlwm â hanes Ty'n Twll yw Harriet Roberts. Cartref Harriet oedd Cornelau, ar wastadedd mynydd Cefnddwygraig ac Afon Cymerig uwchlaw crib Bryniau Golau. Ar ôl iddi briodi, bu'n byw ar fferm Bryn Hynod, cartref ei gŵr, tan fu farw Dafydd yn 1984. Roedd Harriet yn un o gymeriadau mwyaf lliwgar Y Bala, byth heb het ar ei phen, ac yn ei dyddiau mwyaf diweddar byth yn cofio ble y gadawodd y car wrth fynd i siopa i'r dre. Dywedid y gallai gario dafad ar ei hysgwyddau yn ddidrafferth pan oedd hi'n bugeilio yng Nghornelau; yn sicr bu byw yn annibynnol am amser hir ar ôl colli ei gŵr, cyn i'w thaith hithau ddod i ben ym Mehefin 2012, yn 92 mlwydd oed.

O'r nifer sylweddol o gyn denantiaid, mae ambell rai wedi gadael eu marc yn llythrennol ar y tŷ a'r ardd. Cwpwl o wlad Pwyl oedd Jan Pater a Salomea Burdyk, a ddechreuodd ymweld â'r Bala o Bolton i wersylla yn yr ardal yn eu fan wersylla VW. Mae'n debyg iddynt ddod i aros yn Nhy'n Twll yn barhaol wedi hynny, drwy ddod i nabod Harriet Roberts y perchennog, rhyw bryd ar ddechrau'r 1970au oedd hyn.

Nid oeddwn yn nabod y ddau, er cofio eu bod yn cerdded heibio cartref fy mam a'n nhad ar eu ffordd i'r dre yn aml; a thrwy ddod ar draws papurau, a holi rhai bobl oedd yn eu nabod, mi ddois i wybod rhai ffeithiau, a dod i wybod ychydig mwy amdanynt fel cymeriadau hynod sydd wedi gadael eu hôl ar y tyddyn.

Ffeithiau moel oeddynt ar y dechrau, a lluniau heb fawr o gefndir, ond drwy ddarganfod dogfennau a chlywed y storïau, daeth pictiwr cliriach o'r ddau gymeriad a'u ffordd syml o fyw i'r golwg.

Ganwyd Jana Patra ar y 25ain o Fai 1912 yn Krakov a cyfarfu â Salomea yn yr Eidal tra'r oedd yn aelod o fyddin gwlad Pwyl yn ystod yr Ail Ryfel Byd. Ganwyd Salomea ar yr 8fed o Dachwedd 1926 ac fe anfonodd y Natsïaid hi o'r ysgol a'i gorfodi i weithio mewn un o ffatrïoedd arfau rhyfel gwlad Pwyl.

Nid oes cofnod o'u profiadau yn ystod y rhyfel, ond dwi'n cofio fy nhad yn sôn eu bod wedi gweld caledi a chreulondeb, pan ddaeth i'w hadnabod ar ei deithiau yn cerdded heibio'r tyddyn yn ystod yr 1990au.

Pan ryddhawyd Jan o'r fyddin ar yr 2il o Chwefror 1948 gan y lluoedd Prydeinig, aeth y ddau i weithio i Burton's Tailors yn Bolton. Roedd Jan yn ddyn talsyth a chryf a Salomea yn fyr o gorfforaeth ond ymhell o fod yn eiddil; roedd y ddau wedi arfer gweithio'n galed ac wedi profi erchyllterau'r rhyfel yn eu gwlad enedigol. Mae ôl y gwydnwch hwn i'w weld yn Nhy'n Twll hyd heddiw: y gofal a'r amynedd wrth orchuddio'r tanc a'r pibelli dŵr gyda charped a lagin rhag rhew; yr ardd llawn blodau a llysiau; system ddyfrio'r ardd a'r simnai a adeiladwyd y tu allan ar gyfer mygu cig a bwydydd eraill. Doedd dim byd yn mynd yn ofer yn eu byd hwy – cadwyd popeth yn drefnus ac yn ei le ar gyfer ei ailddefnyddio; dyma batrwm eu bywyd bob dydd, a gwelir tystiolaeth ohono hyd heddiw, fel y simnai a'r cynnyrch coed fale ac eirin oedd yn parhau yn y pantri ar ôl yr holl flynyddoedd.

Daeth y diwedd i Jan yn sydyn ar y 5ed o Dachwedd 2002 yn 90 oed, gan adael Salomea ar ei phen ei hun yn y tŷ. Er yn gyndyn o adael y tyddyn ar y dechrau, yn y diwedd dyna a fu, a symudodd i un o fflatiau Cysgod y Coleg. Cafodd gyfle i fynd i weld ei chwaer Romana yn Siechoslofakia wedi i'r Chwiorydd o'r Eglwys Gatholig yn y Bala sicrhau pasbort iddi, y tro cyntaf iddynt gwrdd ers y rhyfel. Parhaodd i ddilyn ei diddordebau tan y diwedd – gwau, garddio, gwneud jam, nofio a mynd am dro. Bu farw yn dawel ar y 3ydd Ebrill 2014 yng nghartref Penrhos Pwllheli, cartref henoed arbennig ar gyfer Pwyliaid, yn 86 mlwydd oed.

Er nad oeddwn yn eu hadnabod, mae'r ffaith fod y ddau wedi byw bywyd hapus a phrysur yma yn draddodiad gwerthfawr. Mae'r arfer dda a gadwodd y lle ar ei draed cyhyd yn wers i minnau hefyd: sut i adnewyddu'r hen le a pharchu'r hyn a fu: dysgu'r grefft o greu rhywbeth newydd tra'n talu sylw i'r traddodiadol, gwarchod yn ofalus ac osgoi sathru gormod ar olion y gorffennol.

Y darganfyddiad mwyaf annisgwyl i mi oedd deall bod cysylltiad teuluol gennyf gydag un teulu fu'n byw yn Nhy'n Twll. Bu Gwyneth Jones, Tanybwlch Cwm Cynllwyd, gynt o Gefn Bodig, y Parc, yn adrodd hanes taith a wnaeth pan oedd hi'n yr ysgol: cychwyn o'i chartref ar y llethrau gyferbyn, o'r Tŷ Cwch ac yna allan ar gwch dros Llyn Tegid i'r lan islaw Ty'n Twll. Roedd yn mynd i weld ei hewythr, William Jones, brawd i'w thaid, John, ar ochr ei thad sef Arthur, Cefn Bodig.

Priododd William (1859-1941) â Margaret Roberts (1884-1930au?) Ty'n Twll a dyna sut y bu i berthynas imi fyw yma.

Roedd fy hen nain ar ochr fy mam, Jane Ann (1862-1942) neu Nain Rhydydefaid fel y gelwid hi, yn gyfnither i William. Roedd Robert, tad William (1827-1895) yn frawd i Anne, mam Nain Rhydydefaid (1825-1899).

Gyda hen berthynas imi wedi byw yma, does ryfedd bod y lle yn teimlo'n gartrefol! Tybed beth a feddylient hwy o'r newidiadau i'r hen gartref, ac yn rhyfeddach fyth, o wybod fod aelod o hen deulu Rhydydefaid yn byw yma ddwy ganrif yn ddiweddarach? Dim ond un cwlwm bychan arall ydw i mewn clytwaith diddorol o bobl fu'n byw yma dros y canrifoedd. Byd bach ein byd ni.

## Coeden Deulu yn dangos perthynas bell yn byw yn Nhy'n Twll

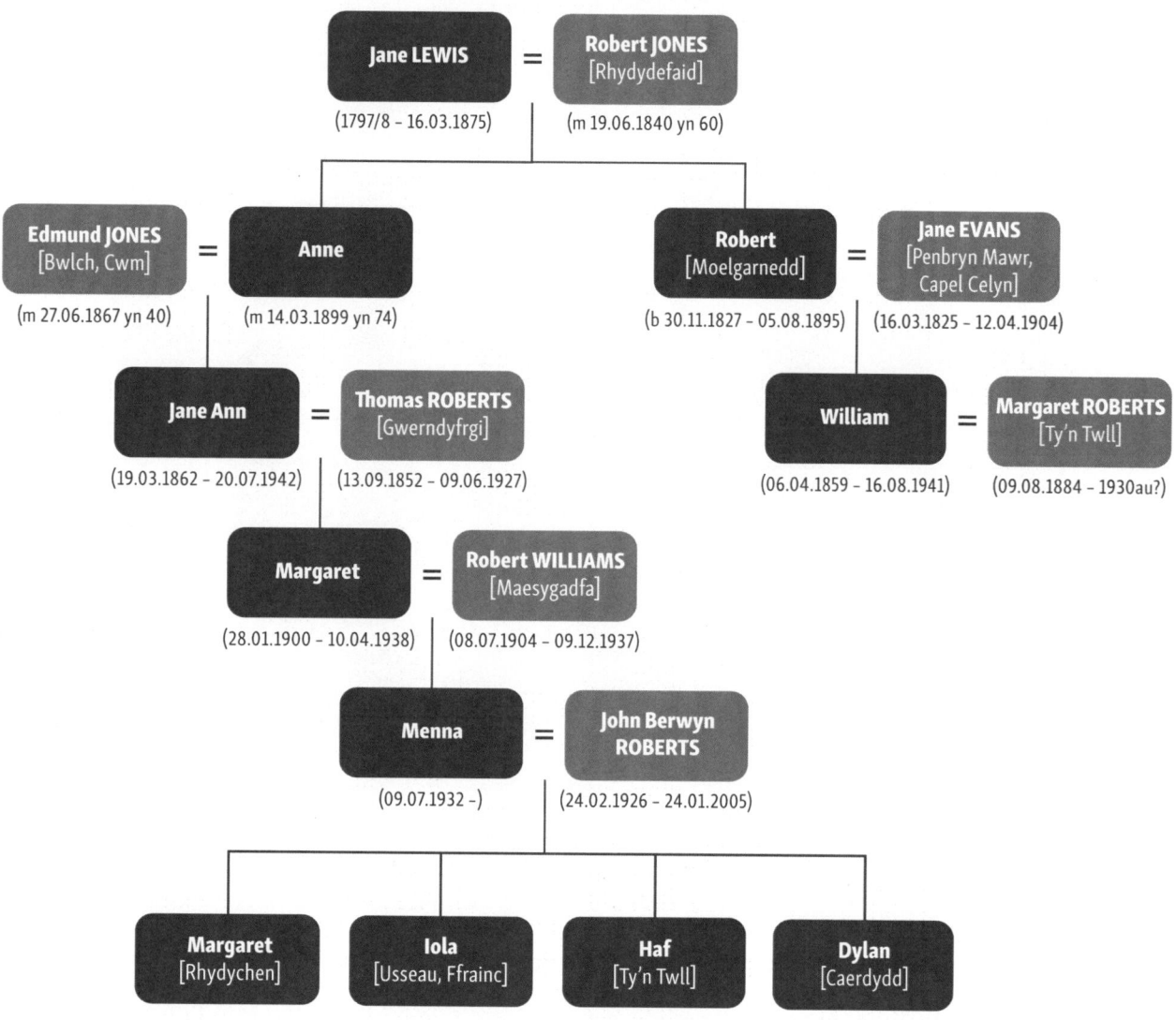

*Coeden Deulu Rhydydefaid*
*Ffynhonell: Addasiad o ymchwil Audrey Jones trwy ganiatâd Ken Jones Cynythog Ganol*

# PENNOD 3

• O'R BRIG I'R BÔN •

Credaf ei bod yn fwy o sialens ail wneud hen adeilad na chodi un newydd, gan fod angen mwy o ddychymyg i weld tu hwnt i gyfyngiadau'r safle. Gall adeilad newydd gynnig llechen lân i lunio cynllun dychmygus arni o'r dechrau, gan amlygu cryfderau'r safle, er enghraifft, yr olygfa. Gall adeilad a godir o'r newydd hefyd gynnig posibiliadau di-ben-draw sy'n gweithio yn unol â photensial y safle. Rhoir i'r cynllunydd rwydd hynt i'w syniadau mwyaf uchelgeisiol, a'r unig rwystr yw'r cyllid ac amser.

Gorchwyl hollol wahanol yw adfer ac adnewyddu hen adeilad – ble mae'r elfennau pwysicaf wedi eu sefydlu dros amser, a phan nad yw'n bosib nac yn briodol eu haddasu bob tro ar gyfer cyfleusterau modern. Sylfaen pob cartref yw'r hanfodion fel cyflenwad trydan a dŵr, system wresogi'r adeilad, a charthffosiaeth. Rhain yw'r pethau elfennol na ellir gwneud hebddynt erbyn hyn; cyfleusterau modern fyddai'n cael eu hystyried yn bethau moethus iawn yn yr oes a fu.

Mae'n ddefnyddiol cyfeirio at y meini prawf y bydd pensaer a dylunydd yn edrych arno ym mhob lleoliad wrth asesu safle am y tro cyntaf: nodweddion ffisegol, cyfeiriadedd, cyfeiriad prif wyntoedd a llwybr yr haul sy'n pennu ansawdd ac argaeledd golau; goleddf sy'n dylanwadu ar fynediad, llwybrau a chyfeiriad llif dŵr dros y tir; agosrwydd adeiladau a nodweddion eraill. Mae ffyrdd, gwrychoedd a ffurf mynydd, afon neu goedwig yn gallu dylanwadu ar gysgod a lefelau sŵn. Yn olaf, gall golygfa dda gamarwain y person mwya petrusgar i syrthio mewn cariad â'r lleoliad, fel yn fy achos i.

## Asesu Safle Ty'n Twll

Pa nodweddion oedd yn rheoli'r potensial ar gyfer addasu Ty'n Twll ac yn cyfyngu mwyaf ar y cynllun? Mae'r braslun yn dangos y lleoliad uwch ben Llyn Tegid: codwyd y tŷ i fanteisio ar yr olygfa o'i flaen a'r sylfeini yn y graig tu ôl iddo. Gan mai wynebu'r gogledd-orllewin mae blaen y tŷ, tu cefn iddo y cwyd yr haul cyn symud draw a machlud tu ôl i'r Arennig. Does dim ffynhonnell ddŵr amlwg yn y cyffiniau agos, ac mae'r tir yn gwyro'n serth o'r adeiladau lawr at y caeau o'i flaen. Ffordd drol sy'n arwain o'r ffordd dyrpeg rhwng y Bala a Llangywer i fyny at y tyddyn ac mae nant fechan yn croesi hon, sy'n cyflenwi dŵr i'm cymydog. Mae'r llwybr yn parhau heibio Ty'n Twll tuag at y ffermdy nesaf, sawl cae i ffwrdd.

Ar yr olwg gyntaf, doedd dim llawer o newid wedi digwydd ar y safle ers blynyddoedd. Mae'r tyddyn yn nodweddiadol o dyddynnod Sir Feirionnydd, gyda thŷ deulawr godwyd gan Stad Glan-llyn yn ganolog i'r clwstwr o adeiladau: o boptu iddo saif y twlc mochyn a'r geudy ar un llaw, a'r beudy ar y llaw arall. Eistedd y daliad o fewn llai na acer o dir, ac mae o fewn ffiniau Parc Cenedlaethol Eryri.

Mae'n debyg mai'r rhwystrau penodol yma sy'n esbonio bod y patrwm adeiladu wedi parhau ac unrhyw ddatblygiad wedi ei gadw o fewn y cyfyngiadau ffisegol hyn. Hynny, a'r ffaith mai tenantiaid sydd wedi byw yma ers blynyddoedd bellach, sydd wedi sicrhau nad oes olion 'gwelliannau' – rhai all fod yn ddigon amheus – wedi digwydd mewn ymgais i ddod â chyfleusterau'r byd modern i'r adeilad.

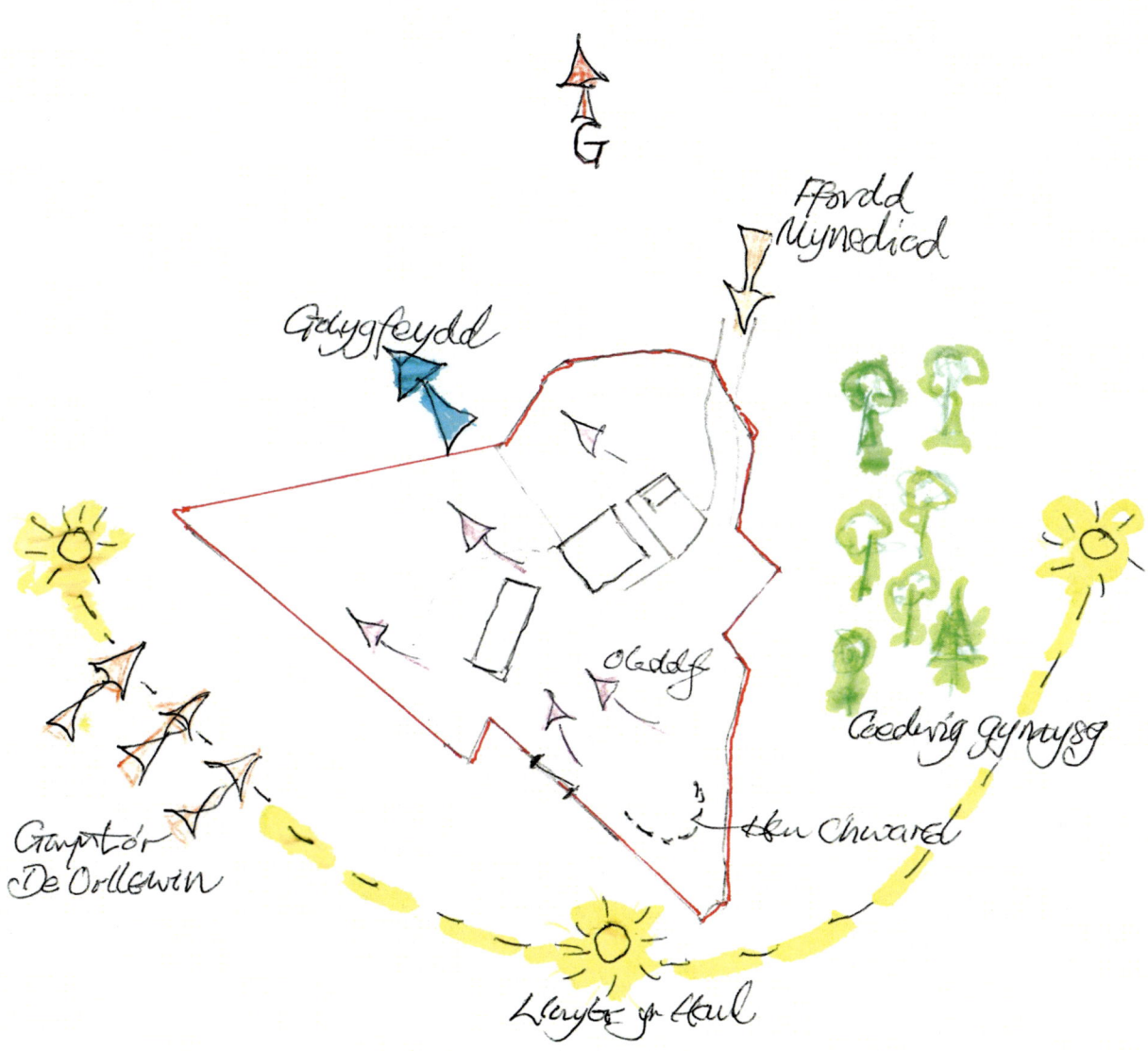

*Braslun o nodweddion y safle*

Ar yr olwg gyntaf cragen oedd y tŷ, ar waetha'r ffaith bod tenant yn byw yno ar y pryd, er o dan amgylchiadau eithaf cyntefig! Dyma ddisgrifiad o'r tyddyn pan welais o gyntaf:

- To, waliau, drysau a ffenestri gwreiddiol heb ddeunydd ynysu
- Stof losgi pren wedi gweld dyddiau gwell
- Cysylltiad dŵr a'r pibelli carthffosiaeth angen sylw
- System drydan angen ei diweddaru
- Ffordd drol hir at y tŷ o waelod y ffordd fynediad
- Gardd wedi diflannu o dan dyfiant gwyllt a rhedyn

Felly, heb ddŵr na thân na deunydd ynysu, golygai y byddai angen imi osod y canlynol:

- Deunydd ynysu i bob elfen a gwella'r drysau a ffenestri
- System wresogi addas
- Cysylltiad dŵr a charthffosiaeth dibynadwy a chegin a stafell molchi addas
- Cysylltu system drydan a golau effeithlon
- Gwella'r ffordd
- Adfer yr ardd a nodi ffiniau pendant o gwmpas y daliad

Gyda rhestr *to do* mor faith roedd yn ddigon i godi braw ar yr adeiladwr dewraf. Roedd gennyf brofiad o adnewyddu tŷ yng Nghaerdydd, ond roedd hon yn mynd i fod yn orchwyl hollol wahanol. Fy ngobaith oedd y gallwn roi'r egwyddorion adeiladu a ddysgais yn y gorffennol ar waith i greu cartref newydd ar seiliau cadarn. Roedd ffaeleddau amlwg yn perthyn i'r tyddyn, ond gyda golygfa mor ysblennydd cynigai gyfle unigryw i greu cartref go arbennig. Fy nod oedd cyfuno'r hen a'r newydd a defnyddio technoleg addas ar gyfer y gofynion penodol yma.

Roeddwn yn gweld yr un anfanteision â phawb arall oedd a'u bryd ar brynu, wrth reswm, ond hefyd yn gweld tu hwnt i'r cyfan: gwelwn y fantais o allu dechrau o'r newydd gyda llechen lan. Roedd modd tynnu'r haenau mwyaf diweddar a osodwyd yn y tŷ, y teils polysteiren ar y nenfwd a'r cladin pren ffug oddi ar y waliau, er enghraifft, er mwyn datgelu beth oedd cyflwr y deunydd gwreiddiol y tu ôl iddynt. Mantais arall o dynnu popeth yn ôl i'r gragen ydi ei bod wedyn yn bosib gweld unrhyw broblemau fel tamprwydd a diffygion adeiladu a allai fod yn cuddio tu ôl i'r gorchudd.

*Dipyn o waith o 'm blaen!*

*Nodweddion Byw yn Wyrdd:*
*1. Arbed Ynni – Ynysu Adeilad. 2. Ynni Adnewyddadwy. 3. Arbed Ynni – Pŵer Trydan.*
*4. Arbed Adnoddau. 5. Ailgylchu a Lleihau Gwastraff. 6. Diogelu Cynefinoedd a Bywyd Gwyllt.*

**Dilyn Egwyddorion Gwyrdd**

Pa ganllawiau oeddwn i'n eu ddilyn wrth geisio adnewyddu'r tyddyn mewn modd mwy gwyrdd? Gellir crynhoi chwe egwyddor bwysig i'w hystyried o safbwynt yr amgylchedd (*gweler map Nodweddion Byw yn Wyrdd, tud 37*).

Yn ymarferol, gellir eu dilyn wrth roi blaenoriaeth i ddefnydd gofalus o ynni ac adnoddau prin fel dŵr, rhoi ynni adnewyddadwy ar waith, osgoi deunyddiau sy'n achosi llygredd a gwastraff, neu'n defnyddio tanwydd ffosil, ac osgoi difetha cynefinoedd drwy ail-greu amodau ffafriol i fywyd gwyllt. Yn fy achos i, oherwydd diffygion sylfaenol y safle a'r rhestr hir o welliannau angenrheidiol, roedd y rhaglen waith a'r flaenoriaeth i bob tasg fel a ganlyn:

**Arbed Ynni:**
- Ynysu elfennau'r tŷ a'r agoriadau

**Defnyddio Ynni Adnewyddadwy:**
- Gosod system wresogi'r tŷ a dŵr heb danwydd ffosil

**Pŵer Trydan:**
- Gosod system ac offer trydan effeithiol

**Arbed Adnoddau:**
- Bod yn ystyriol yn y dewis o adnoddau a chynnyrch

**Ailgylchu a Lleihau Gwastraff a Llygredd:**
- Ailddefnyddio adnoddau a lleihau dibyniaeth ar gynnyrch tanwydd ffosil

**Diogelu Cynefinoedd a Chynyddu Bywyd Gwyllt:**
- Sefydlu cynefinoedd a gwella amodau ar gyfer annog bywyd gwyllt

Byddaf yn disgrifio yn gyntaf beth oedd y sefyllfa yn y tŷ cyn imi gychwyn ar y gwaith; sut a beth yw'r drefn arferol wrth adnewyddu yn y modd gonfensiynol, a'r opsiynau sydd ar gael; ac yn olaf, pa ddewisiadau a wnes wrth ddilyn canllawiau gwyrdd a'r rhesymeg y tu ôl i hynny.

Rhaid pwysleisio yn y fan yma nad rhestr ragnodol sydd yma ar sut i adnewyddu adeilad mewn modd mwy gwyrdd: mae pob safle a phob adeilad yn wahanol a'r dewisiadau yn gymhleth. Nid atebion cyffredinol sydd yma, ond esboniad o ba ddulliau ac opsiynau a ddewisais i ar gyfer yr amgylchiadau sy'n bodoli yn Nhy'n Twll.

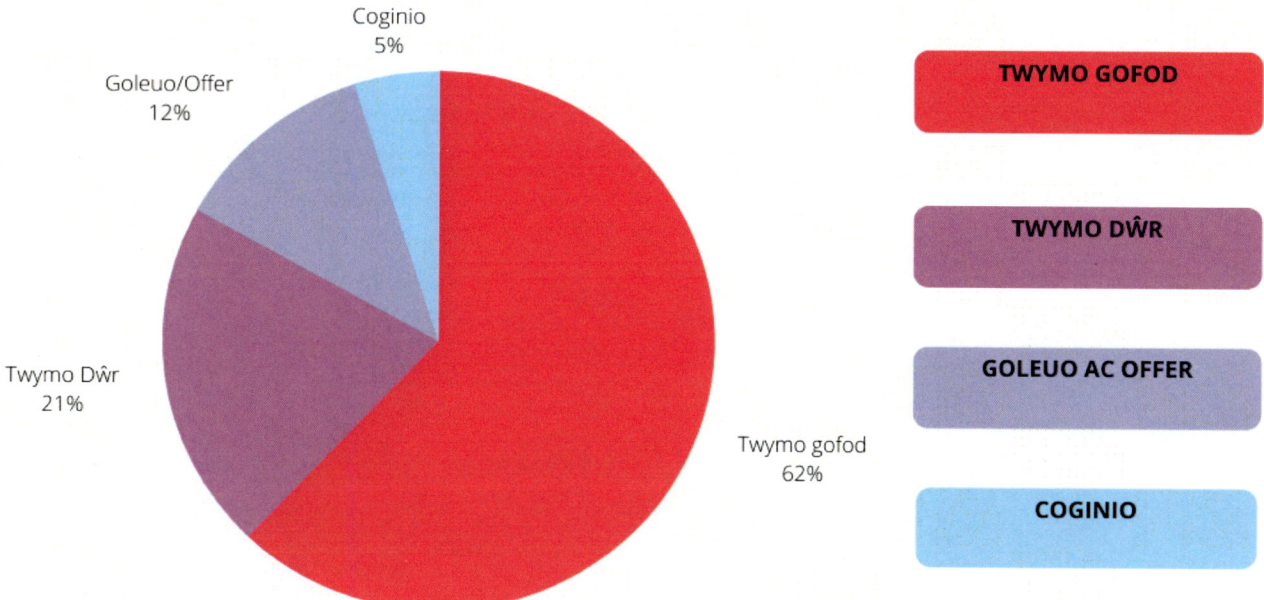

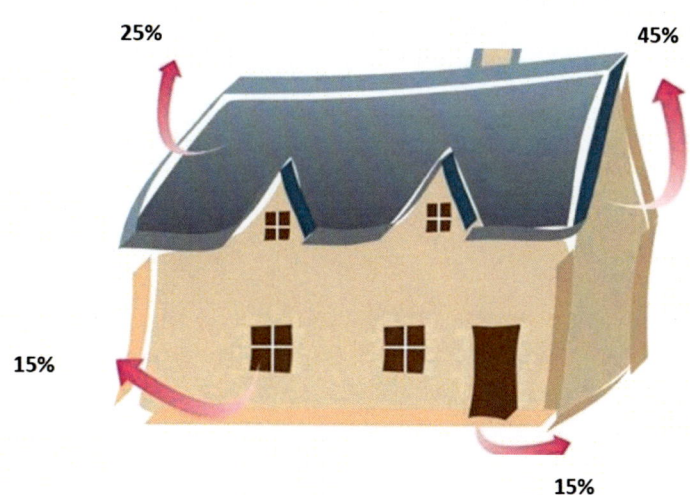

*Nodweddion Hen Adeilad [h] Tŷ Mawr*

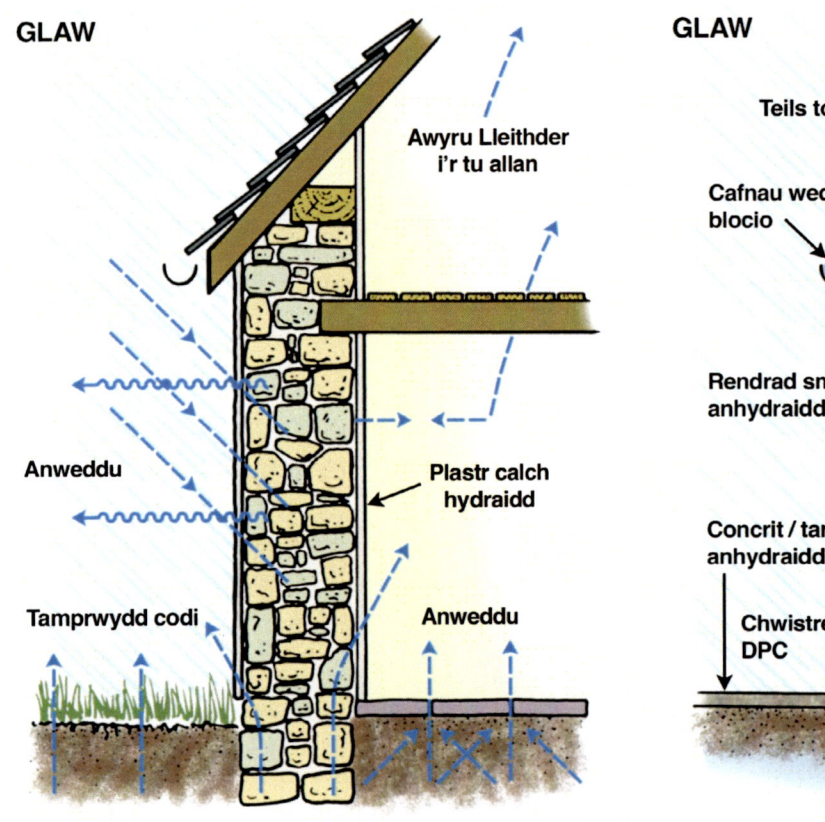
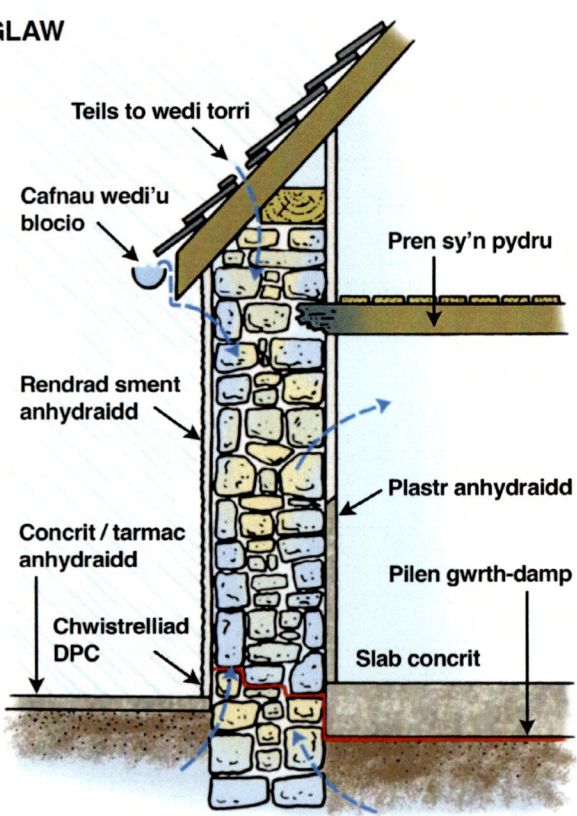

**Trin Adeiladau Traddodiadol**

Nodweddir adeiladau gan do, llawr a waliau i gadw'r elfennau draw. Wrth ystyried tai traddodiadol, mae'n werth cofio bod yr angen i gadw cynhesrwydd o fewn yr adeilad wedi arwain at adeiladwaith arbennig i'r tai cerrig sydd wedi goroesi hyd heddiw – yn fwy na'r galw am olau, er enghraifft. Ceir waliau trwchus (2 droedfedd a mwy) a tho soled; lle tân agored i reoli gwres a lleithder ac i goginio arno; a ffenestri bychain, ar y cyfan, yn enwedig ar ochr ogleddol yr adeilad, rhag colli'r gwres o'r tu mewn. Mae deunyddiau adeiladu traddodiadol yn adlewyrchu'r tir o'u cwmpas (cerrig, clai a llechi) ac yn canolbwyntio ar gadw'r tywydd allan. Doedd y dechnoleg gynnar ddim yn caniatáu ffenestri mawr yn y ffermdai bychain: datblygiad mwy diweddar oedd y ffenestri helaeth ar gyfer tai crand y byddigion. Gyda datblygiad pellach a gwydr dwbl a thriphlyg mae'r ffenestri modern yn gyfrwng cadw, yn hytrach na cholli, gwres.

Er yr ymdrech i leihau fy effaith ar yr amgylchedd a phrofi ei fod yn bosib dilyn egwyddorion gwyrdd, diwedd y gân yw'r geiniog, wrth gwrs. Mae nifer o ddefnyddiau ar fy rhestr siopa yn ddrutach na'r dewisiadau eraill (gwlân defaid ar gyfer ynysu yn ddrutach na'r opsiynau synthetig; llechi ail-law Cymreig yn ddrutach na rhai newydd o Sbaen). Gan fod llechi Cymreig yn para'n well na rhai o dramor mae ansawdd y cynnyrch yn ystyriaeth bwysig a ddylai drechu pob amheuaeth ar sail cost.

**Arbed Ynni**

Prin fod angen pwysleisio pwysigrwydd arbed ynni yn y cartref erbyn hyn – mae'r argyfwng ynni a chostau byw wedi amlygu'r angen am ddefnydd darbodus ohono yn y cyfnod ôl-Cofid hwn, ac mae'n un o ddadleuon parhaus y dyddiau yma wrth i fwy a mwy o bobl wynebu costau ynni anfforddiadwy. Er bod y Rheoliadau Adeiladu sy'n pennu lefel ynysu adeiladu wedi gosod safonau uwch ar gyfer cadwraeth ynni dros y blynyddoedd, o gymharu â rhai gwledydd, rydym ymhell ar ei hôl hi wrth geisio arbed ynni yn y cartref a chreu adeiladau mwy ynni effeithlon.

Y cam cyntaf at adeiladau mwy ynni effeithlon yw'r angen i insiwleiddio – defnyddio deunydd ynysu sy'n rhwystro gwres rhag dianc allan drwy bob elfen: y to, waliau, llawr a'r agoriadau. Mewn adeilad gaiff ei godi o'r newydd mae'n haws gwneud hyn elfen wrth elfen; mewn hen adeilad rhaid ôl osod, sy'n achosi ychydig mwy o benbleth gan nad yw'n hawdd cyfuno'r arfer draddodiadol â'r technegau newydd. Rhaid bod yn llawer mwy gofalus wrth ddewis a gosod y deunyddiau.

**Ynysu'r To**

Mae ynysu pob elfen o adeilad yn ei dro wrth adnewyddu ar raddfa eang yn cynnig cyfle i archwilio ei gyflwr a thrwsio ble bo angen. Y to yw'r man amlwg i'w daclo gyntaf, gan fod gwneud adeilad yn ddwrglos yn gam hollbwysig. Mae hefyd yn cynnig cyfle nid yn unig i arbed ynni drwy gadw'r adeilad yn gynnes yn y misoedd oer, ond yn cadw'r adeilad yn oerach yn yr haf. Mae'r hafau poeth yn ddiweddar wedi pwysleisio'r pwysigrwydd hwn i gadw'r adeilad rhag gorgynhesu.

Yr haenau arferol ar do yn draddodiadol fyddai 'ffelt' (er nad ffelt ydi o ond papur 'tar') a ddefnyddiwyd yn y 1930au cyn gosod y llechi drosto. Ychydig iawn o ystyriaeth a roid i ynysu'r to nac i ddeunyddiau fyddai'n gadael lleithder drwodd – deunydd sy'n anadlu neu yn anweddu, ar wahân i adael gofod rhwng haenau ar gyfer awyru.

Lle bo angen tynnu'r hen do a gosod un newydd, mae posib gweithio o'r tu allan a gosod haen o ddeunydd ynysu uwchben y trawstiau, er nad yw'n arferiad cyffredin i wneud hyn.

Er nad oedd y to mewn cyflwr gwael iawn pan brynais y tŷ, o gofio ei fod dros ganrif oed, roedd angen mân atgyweiriadau ac ychwanegu'r deunydd ynysu holl bwysig. Felly, er mai'r bwriad oedd atgyweirio yn hytrach nac adnewyddu yn y lle cyntaf, buan iawn y daeth cyflwr y llechi a phreniau'r to i'r golwg a olygai y byddai'n rhaid gosod to newydd wedi'r cyfan.

Haenau'r To [ⓑ Tŷ Mawr]

Trodd hynny yn fantais mewn un ystyr. Drwy roi to cyfan gwbl newydd mae modd manteisio ar ddeunydd ynysu nid yn unig rhwng ac o dan y trawstiau, ond yn haen drostynt hefyd gydag elfen ychwanegol a elwir yn *sarking board* sy'n eistedd o dan y llechi. Nid yw'n ddull o osod to sy'n gyffredin iawn oherwydd mai 'ffelt' a roir dros y to yn arferol – ond fe'i defnyddir yn aml ar doeon yn yr Alban, oherwydd amgylchiadau gwynt a glaw mwy eithafol yno.

Mae'n parhau yn system gymharol ddiarth i dowyr yng Nghymru. Dois yn ymwybodol ohoni drwy ddilyn cyrsiau Tŷ Mawr a sylweddoli pwysigrwydd haenau trwchus o ddeunydd ynysu naturiol o'i gymharu â defnyddiau synthetig eraill.

Efallai y bydd hynny yn newid wrth inni weld stormydd garwach yng Nghymru yn y blynyddoedd i ddod a'r angen am doeon mwy gwydn yn wyneb gwyntoedd cryfion. Serch hynny, mae'n parhau i fod yn system anghyfarwydd hyd heddiw, ddeng mlynedd wedi imi osod y byrddau cyntaf ar do'r tŷ.

Ar do'r hen laethdy roedd y preniau i gyd yn rhy wael i'w hailddefnyddio oherwydd diffyg awyru mae'n debyg a gosodwyd preniau newydd yno. Mae'r darn yma o'r to yn do oer gyda nenfwd a lle storio uwchben.

To'r llaethdy oedd angen ei adnewyddu'n llwyr

Mantais arall o safbwynt newid y to ydi'r cyfle i roi agoriadau ynddo i ddwyn golau i mewn drwy ffenestri to newydd. Wrth ailfeddwl lleoliad ystafelloedd o'r cynllun gwreiddiol gellid ennill mwy o olau i grombil y tŷ. Roedd hyn yn arbennig o bwysig yn y gegin. Un agwedd sydd gan y tŷ yn yr ystyr ei fod yn wynebu un ffordd, a'i gefn at y graig. Dim ond un ffenest fach oedd yn y cefn yn wynebu'r haul a'r de. Cefais gymorth pensaer profiadol i gyflawni'r darluniau i wireddu'r weledigaeth hon. Mae hyn yn bwysig os am fanteisio ar olau naturiol ac osgoi defnyddio golau trydan yn ddiangen. Mae hefyd yn osgoi gorfod creu agoriadau newydd drwy'r waliau trwchus a chreu tyllau fyddai'n gadael awyr oer i mewn ac awyr gynnes allan. Enghraifft dda o'r frwydr rhwng golau a chadw'r gwres o fewn adeilad yw'r tŷ adeiladwyd yn CAT – y Ganolfan Dechnoleg Amgen – yn y 1970au. Doedd prin dim ffenest yno ar wahân i'r clerestory uchel. Mae perfformiad ynni ffenestri gwydr wedi gwella cymaint fel bo drysau a waliau o wydr yn bosib ymhobman rŵan, sy'n dangos bod technoleg wedi dod i'r adwy a golau naturiol yn llai o broblem i'r pensaer y dyddiau hyn.

### Deunydd Ynysu Rhwng ac o Dan y Trawstiau

Y dewis arferol i lawer o bobl wrth ddewis deunydd insiwleiddio ydi byrddau o ddeunydd synthetig fel EPS, PUR neu PIR. Mae'r rhain i gyd yn deillio o blastig ac yn dibynnu ar olew yn eu gwneuthuriad. Mantais fwyaf y byrddau hyn yw eu bod yn cael eu cynhyrchu ar raddfa fawr ac yn effeithiol o ran perfformiad ynni.

Bûm yn ystyried yn hir ac yn ddwys pa ddeunydd i'w gael ar ochr fewnol y to. Mewn un ystyr, doedd ond un dewis, ond ei fod yn ddewis anodd oherwydd ei gost. Roeddwn wedi rhoi fy mryd ar wlân defaid bron o'r dechrau am nifer o resymau: mae'n ddeunydd naturiol, hawdd ei gael, yn perfformio'n dda, ac yn lleol. O leiaf, dyna oedd yr egwyddorion cychwynnol, beth bynnag. Mae'r gwirionedd a chymhlethdod y farchnad wlân yn fwy astrus o lawer.

Gosodais wlân math *Thermafleece*, sef gwlân defaid fel deunydd ynysu, rhwng y trawstiau ac yna yn haen oddi tano yn gorwedd yn llorweddol ar ffrâm bren a wnaethpwyd yn arbennig ar gyfer Ty'n Twll gan y saer. Roedd hwn yn angenrheidiol oherwydd dim ond 4 modfedd neu 100mm o ddyfnder sydd i'r trawstiau pren gwreiddiol ar y prif do, sy'n annigonol i gymryd y trwch angenrheidiol o wlân. Rhoddais orchudd pren tafod a rhych wedyn oddi tan y gwlân ar gyfer cau'r nenfwd cyfan. Roedd rhaid i hyn ddigwydd ar ôl rhedeg y gwifrau golau wrth gwrs.

*Deunydd ynysu gwlân yn y nenfwd*

## BETH YW BWRDD FFIBR PREN?

Mae bwrdd ffibr pren wedi'i wneud o ffibrau pren, megis naddion pren a llwch lli, sydd wedi'u cysylltu â'i gilydd trwy effaith gwres a gwasgedd. O ran ei fanteision, mae'n meddu ar lawer o nodweddion gorau pren: cryfder, caledwch a chynhesrwydd.

O safbwynt deunydd ynysu, mae bwrdd ffibr pren yn cynnig y manteision canlynol:

- ddim yn gollwng nwyon perygl fel sy'n digwydd gyda deunyddiau ynysu plastig o danwydd ffosil
- wedi'i wneud o adnodd adnewyddadwy
- mae ganddo fesur carbon ymgorfforedig isel neu negyddol
- deunydd agored sy'n 'anadlu', gall amsugno lleithder a sychu'n gyflym pan yn wlyb
- hawdd i'w weithio ac yn gyflym i'w osod
- ddim yn trosglwyddo gwres ac yn gweithredu fel inswleiddiad thermol ychwanegol
- gall proffil tafod a rhych sicrhau cryfder a'i wneud yn aerglos
- gall ymwrthod rhag gwynt a gollyngiadau aer a all gludo lleithder
- mae'n darparu uniad cadarn rhwng bylchau trawstiau
- gall amddiffyn rhag y tywydd yn ystod y cyfnod adeiladu
- mae'n negyddu pontio thermol
- gall ychwanegu cadernid i'r strwythur (yn cynorthwyo cryfder racio)

## YNYSU SY'N WELL YN NATURIOL

Wrth adeiladu yn arferol heb ystyried deunydd sy'n anadlu, mae'r defnydd o wlân mwynol (gwydrog) neu fyrddau â chefn ffoil PUR yn gofyn am ddefnyddio rhwystrau i atal aer rhag gollwng o'r tu mewn gan achosi anwedd yn y strwythur. Rhaid torri byrddau insiwleiddio anhyblyg yn gywir iawn i ffitio rhwng strwythurau pren gyda'r holl uniadau wedi'u tapio a'r holl gyffyrdd wedi'u selio. Mae diogelwch a gwydnwch y rhain a rheoli anwedd yn dod yn bwysicach wrth i lefelau inswleiddio gynyddu.

Mae dewis inswleiddio ffibr pren yn symleiddio'r broses adeiladu trwy ganiatáu defnyddio strwythur pren llawer symlach. Mae angen llai o haenau arno ac nid oes angen gadael unrhyw fylchau rhwng yr elfennau adeiladu.

Mae inswleiddio ffibr pren yn amddiffyn rhag tywydd oer, gwres a sŵn, yn darparu hinsawdd fewnol ddymunol a lleithder aer cytbwys gan wneud yr eiddo'n arbennig o addas ar gyfer dioddefwyr alergedd a'r rhai â chyflyrau anadlol.

Oherwydd ei fod yn gynnyrch pren, gellir ei ailgylchu hefyd ac mae'n fioddiraddadwy.

*Gosod y byrddau ar y to*

## Ynysu'r Waliau

Nid yw gosod deunydd ynysu ar ochr allanol waliau tŷ cerrig traddodiadol (fel arfer cyn 1900) yn bosib, yn enwedig felly o fewn ffiniau y Parc Cenedlaethol, gan bod angen cadw golwg draddodiadol y waliau cerrig ar bob cyfrif. Yr unig opsiwn ydi ynysu'r waliau ar yr ochr fewnol, ond mae dadleuon dros beidio â gwneud hyn, yn ôl yr asiantaethau cadwraeth fel Cadw.

Penderfynais ynysu waliau allanol blaen a chefn y tŷ a'r talcen pellaf gyda fframwaith bren yn fewnol; gadewais y wal dywydd sy'n wynebu'r de orllewin ac yn cael y tywydd gwaethaf heb y ffrâm bren. Dewisais ddefnyddio techneg go newydd arall ar gyfer hon: sef plastar sydd yn ynysu ar yr un pryd â ffurfio gorchudd, gyda chorc ynddo yn gwneud i'r plastar weithredu fel haen ynysu. Y rhesymeg oedd y byddwn yn gweld unrhyw damprwydd yn dod trwy'r wal yn gynt wrth ddefnyddio plastar na thrwy sawl haen o wlân a bwrdd ffibr pren. Roeddwn yn falch iawn o'r penderfyniad hwn wedi'r glaw diddiwedd gawsom am 40 diwrnod a nos yn mis Hydref 2015! Roedd modd imi weld yn union ble roedd y dŵr wedi treiddio i mewn. Gydag amser fe sychodd a diflannu, a gan fy mod wedi gosod y boeler peledi pren yn yr hen simnai, does dim wedi dod trwodd wedi hyn.

Ar y dechrau, doeddwn ddim eisiau creu gwaith caled i mi fy hun drwy dynnu'r haenau calch i ffwrdd o'r waliau mewnol cyn ynysu; ond, gan nad oedd sicrwydd bod y paent (lliw oren llachar mewn rhai mannau) yn mynd i adael i'r wal anadlu, tynnais y gorchudd cyfan ar y llawr isaf yn ôl i'r waliau. Tasg lychlyd a diddiolch oedd hon gan nad oedd modd gadael y waliau heb orchudd os oeddwn am sicrhau perfformiad ynysu digonol ar y waliau.

Adeiladedd y wal yw ffrâm bren, pilen, gwlân Thermafleece a bwrdd ffibr pren yr un fath â'r to gyda thair haen o galch drostynt. I'w orffen defnyddiais baent clai sy'n llai niweidiol i'r amgylchedd a gellir golchi'r offer paentio gyda dŵr a'i waredu'n saff, yn annhebyg i bob paent cyffredin arall.

Mae'r waliau yn ymddangos yn gartrefol iawn ac yn gweddu i hen dŷ – yn enwedig gan nad oes ochrau siarp ar yr ymylon fel sy'n fwy arferol gyda phlastrfwrdd: mae'r corneli yn fwy crwn gyda gorchudd o galch ac yn rhoi siâp mwy organig i'r wal, sy'n gweddu i hen adeilad o'r fath, heb sôn am ei fod yn 'anadlu'.

Haenau'r wal [ⓑ Tŷ Mawr]

## Ynysu'r Llawr

O'r holl waith paratoi wrth ynysu'r tŷ, hwn oedd yn mynd i olygu'r gwaith caletaf o lawer ac yn golygu rhoi tîm o dri neu bedwar gweithiwr ar waith. Felly dim ar chwarae bach y dois i'r penderfyniad o godi'r hen lawr i fyny. Roedd rhaid pwyso a mesur pob anfantais yn erbyn y manteision fel a ganlyn:

**Anfantais**
- Y gwaith o godi'r cerrig gleision heb eu torri a'u symud o'u lle yn llafurus
- Colli'r waliau mewnol ac ail-leoli'r stafelloedd
- Gorfod tyllu i lawr yn is na lefel y tir tu allan i wneud lle i'r llawr 'newydd'
- Angen gosod y cerrig yn ôl yn eu lle yn ofalus
- Cost deunyddiau a llafur

**Mantais**
- Gallu gweld os oedd unrhyw ddŵr yn dod mewn i'r tŷ wrth dyllu'r llawr
- Gallu gosod system wresogi danlawr ac arbed colledion gwres trwyddo
- System wresogi danlawr yn arbed gofod – dim rheiddiaduron ar y waliau
- Cael gwared â'r tamprwydd o'r llawr drwy osod system 'Sublime'

Fel mae'n digwydd, roedd yn ffodus imi godi'r llawr gan fod dŵr wedi ei ddarganfod yn dod i mewn drwy'r broses ac roedd angen osgoi hyn drwy godi wal gynnal yng nghefn y tŷ. Stori arall yw honno a ddisgrifir yn y bennod olaf. Drwy godi'r llawr byddwn hefyd yn colli'r waliau mewnol, ond yn ennill cyfle i osod system wresogi tan llawr. Byddai'n creu llanast llwyr ac yn ychwanegu costau mawr, felly dyma droi at yr arbenigwyr yn Tŷ Mawr unwaith eto, ar gyfer gosod system ynysu arloesol iawn i'r llawr.

## System Llawr Sublime ⓗ

Dyma esbonio'r system 'Sublime ⓗ' Tŷ Mawr: mae'r system yn wahanol i lawr arferol mewn dwy ffordd:
- Nid oes angen pilen gwrth-leithder (*damp proof membrane*)
- Defnyddir Glapor fel deunydd ynysu a haen gwrth-leithder
- Dim ond un haen o ddefnydd 'gwlyb' sydd ei angen yn lle dwy (*slab* a *screed*) sy'n arferol

Dois ar draws y system hon drwy fy nghysylltiad efo perchnogion cwmni Tŷ Mawr, a hefyd yn ymarferol drwy fy niddordeb mewn dulliau o adfer hen adeiladau mewn modd sy'n defnyddio technoleg newydd, addas. Fe'i defnyddiwyd mewn dau le cyn imi gychwyn ar y gwaith yn Nhy'n Twll, sef eglwys Sant Teilo yn Sain Ffagan, ac yn Eglwys Beuno Sant Llanycil, y Bala, pan adferwyd y ddau adeilad. Gallaf ategu'r ganmoliaeth i'r system, gan na ddois ar draws unrhyw damprwydd ar ôl ei gosod. Erbyn hyn, mae sawl adeilad wedi gosod y system yn yr ardal hon, gan fod swyddogion adran rheolaeth adeiladu y Sir yn fwy cyfarwydd a chyffordus â'r system, ac yn credu ynddi. Enillodd stamp yr LABC sy'n rheoli'r gwahanol gyrff Rheoli Adeiladau, a chefnogaeth Cadw, y corff cadwraeth.

Y cwestiwn mwyaf i mi cyn dewis oedd a fedrwn ailddefnyddio'r cerrig llawr gwreiddiol, ac felly arbed ffortiwn mewn llawr newydd. Os arbed y llawr, byddai trwch sylweddol o ddyfnder cyn i'r cynhesrwydd dreiddio drwy'r haenau a chynhesu'r ystafelloedd. Wedi codi'r garreg las gyntaf o'r llawr yn weddol ddidrafferth (am ei bod ar wely o galch), roedd y penderfyniad wedi ei wneud. Dyma ddisgrifiad o'r broses hir o godi ac ailosod y llawr, gam wrth gam.

System Llawr Sublime ⓗ Tŷ Mawr

## GOSOD Y LLAWR

**1. Codi pob carreg drwy'i rhyddhau gyda phicell ac erfyn bychan**

**2. Tyllu lawr i ddyfnder o 30cm (12") ar gyfer sail y llawr newydd**

**3. Gosod pilen a'r deunydd Glapor i rwystro'r gwres rhag dianc ar i lawr**

**4. Glapor wedi cael ei lefelu**

**5. Gosod y bilen dros yr haen ynysu a'r pibelli gwres tanlawr drostynt**

6. Cymysgu y mortar galch

7. Dod a'r gymysgedd galch i'r tŷ drwy'r ffenest gefn.

8. Taenu'r gymysgedd dros y pibelli gwres tanlawr

9. Ailosod y cerrig gleision ar gymysgedd o galch a thywod a'u gwneud yn wastad

10. Y garreg olaf yn cael ei gosod yn ei lle

11. Y cerrig wedi cael eu growtio

Codwyd pob carreg yn gyfan, ar wahân i un neu ddwy ar y dechrau cyn i'm cyd-weithiwr a minnau ddod i arfer efo'r dasg, a'u cludo tu allan i'r tŷ ar droli arbennig a'u gosod ar eu hochr. Mae'r cerrig mwyaf yn 5 troedfedd o hyd a dros 3 troedfedd o led ac yn pwyso gormod o lawer i un person eu symud; felly roedd rhaid bod yn ofalus wrth eu trin a sicrhau eu bod yn ddigon rhydd i'w symud o'u gwely o galch cyn eu codi. Ni fyddai modd codi'r cerrig pe bai sment neu ddeunydd gosod mwy modern wedi ei ddefnyddio: mae'r ffaith eu bod ar haen denau o fortar calch wedi arbed y gost imi o brynu llawr newydd sbon!

*Y tryc pwrpasol yn cludo'r cerrig gleision*

*Cerrig gleision mawr yn aros i gael eu hailosod*

Bu'r gweithwyr yn ddyfeisgar iawn wrth feddwl am ffyrdd o gario'r cerrig gleision allan o'r tŷ – unwaith inni gael eu cefnau'n rhydd o'r calch oddi tanynt. Cafwyd troli bychan ar olwynion i'w cario allan ar eu hechel ac felly drwy'r drws, ac arbedwyd cefnau bob un ohonom!

Wedi tyllu i ddyfnder o droedfedd i lawr, gosodwyd y Glapor, sef y deunydd ynysu ysgafn, ac wedyn ei bacio lawr yn barod i gymryd y pibelli gwres tanlawr. Wrth gymysgu'r *mortar limecrete* (tebyg i goncrid ond yn defnyddio calch yn lle sment), mae'n arferiad i roi ffibr mewn i'r gymysgedd, sy'n cloi'r mortar at ei gilydd yn yr un modd â rhawn ceffyl a ddefnyddid i glymu mortar calch ers talwm. Mae hwn yn arbed i'r llawr gracio, yn enwedig mewn tywydd sych. Felly hefyd mewn tywydd oer, rhaid osgoi gosod y cyfan pan fo'n rhewi.

*Stydio'r waliau allanol cyn ynysu*

Dyfais arall oedd y modd o symud y gymysgedd calch o'r micsar i'r tŷ – nid gyda berfa ond gyda phibell blastig wedi ei thorri yn ei hanner a'i gosod yn y twll lle roedd y ffenest gefn.

Wedi gosod y cerrig gleision yn ôl yn eu lle yn wastad (nid yn null Sain Ffagan, wedi eu rhifo a'u gosod yn union ble codwyd hwynt), gosodir cymysgedd o forter calch yn y bylchau rhyngddynt a disgwyl i'r cyfan setlo am fis, cyn gallu profi'r gwres tan llawr, ac mae'n braf gallu cerdded o gwmpas yr ystafelloedd ar lawr cynnes oddi tanaf.

## Ffenestri a Drysau

Gyda'r ffenestri a'r drysau eto, y bwriad oedd trwsio yn hytrach na chyfnewid; dim ond agoriad y ffenestr fach yng nghefn y tŷ fyddai'n cael ei newid a chreu agoriad mwy iddi. Roedd yn bwysig cadw'r drws a'r ffenestri blaen yn gymesur.

Fel y bu imi ddechre datgymalu'r ffenestri blaen, daethant yn ddarnau yn fy llaw. Felly, roedd rhaid ailwampio'r cynllun. Ffrâm bren oedd i'r ffenestri gwreiddiol, gyda chwareli wedi eu gosod gyda metal meddal o fewn y ffenest. Penderfynais lynu i'r cynllun gwreiddiol ar gyfer y ddwy ffenest fawr waelod; ond nid hawdd ail-greu'r rhigol sy'n gadael mwy o olau i mewn. Dim ond un paen o wydr pob ffenest a rois yn y llofftydd hefyd, gan ei bod yn weddol dywyll yno heb olau uniongyrchol yr haul. Y ffenest newydd yn y cefn yw fy hoff un: mae ei gwneuthuriad o'r coed llarwydd a gefais yn lleol wedi ei drin a'i baentio yn y ffatri gan Williams Homes, cwmni tai lleol o'r Bala.

O'r holl waith yn y tŷ, y ddwy ffenest waelod yw'r siom fwya gan mai dyluniad newydd oedd ei angen ac nid ceisio atgynhyrchu'r gwreiddiol. Mae perfformiad thermal y ffenestri i gyd yn dda oherwydd bod paen ddwbl o wydr ynddynt a stribedi gwrth ddrafft wedi eu gosod ar bob un. Do, mi gefais anhawster efo'r saer wedi camddeall fy mod angen y ddwy ochr o'r ffenest i agor yn y llofftydd: bu'n rhaid cymryd camau iddo ddod i wella'r sefyllfa honno, o leiaf, ac ailosod agoriad newydd.

Beth am y drysau, medde chi? Yn anffodus, mae'r rheini'n dasg sy'n aros am ysbrydoliaeth ac arian: ai cadw'r hen gynllun neu rhoi drws newydd gyda ffenest i adael golau i mewn yw'r gorau? Yn y cyfamser, mae llen drwchus yn cadw'r awyr oer allan a'r gwres i mewn: datrysiad dros dro, ond un sydd wedi bodoli ers peth amser erbyn hyn!

Felly roedd gennyf beth ymwybyddiaeth o'r her o'm blaen wrth fentro adnewyddu'r tyddyn bychan. Bychan ei faint, ond cawr o orchwyl.

*Ffenest gefn y gegin*

**Cnu Defaid**

Yn rhyfedd iawn, cynnyrch cymharol newydd ydi gwlân fel deunydd ynysu ar gyfer adeiladau, er ein bod wedi cadw'n gynnes efo dillad gwlanog ers miloedd o flynyddoedd. Un rheswm all esbonio hyn yw mai gwlân o'r radd isaf a ddefnyddir, lle nad yw'r lliw yn bwysig, ar gyfer cynnyrch ynysu. Ar waethaf hyn, nid yw'n cael ei adlewyrchu ym mhris y cynnyrch o gwbl. Mae hyn yn rhannol oherwydd bod gan y Bwrdd Marchnata Gwlân Prydeinig neu'r Bwrdd Gwlân fel y'i adnabyddir heddiw, fonopoli ar brynu a didoli gwlân ar gyfer cwsmeriaid ar ran ffermwyr y DU.

Daeth achos y pris a geir am y cnu i'r golwg yn ystod cyfnod y Cofid yn nghanol 2020, pan ddisgynnodd y gofyn am wlân i wneud carpedi yn Tseina a gwledydd eraill, a pheryglu prisiau gweddill y farchnad. Gostyngodd gwerth y cnu amrwd i 15-30c y cilo dros y cyfnod hwn. Gyda chost y cneifio yn £1 o leiaf i bob dafad, a phob dafad efallai yn cynhyrchu 2 gilo o wlân. Gwelwyd lluniau torcalonnus o ffermwyr yn compostio'r cnu yn hytrach na derbyn y pris sarhaus a gynigiwyd gan y Bwrdd Gwlân. Mae cwynion wedi bod ers hyn wrth i'r pris raddol ddisgyn dros y blynyddoedd diwethaf ac mae ffrwyth un drafodaeth gyda chwmni menter wedi ei gyhoeddi. Nodwyd yn hwnnw y gwahaniaeth rhwng y gost o brosesu a chneifio i gymharu â'r pris a roir i'r ffarmwr am y cnu cyn y cyfnod Cofid. Gwaethygu wnaeth y sefyllfa wedi hynny gan fod 9 miliwn cilo o wlân erbyn hynny yn eistedd yn segur yn y warws ers clip (y cynhaeaf cnu) y flwyddyn flaenorol.

Mae'r achos yn un cymhleth ac yn bennaf i'w wneud â'r angen i ddidoli a phrosesu'r cynnyrch amrwd: yn enwedig y glanhau a'r sgwrio sy'n gorfod gweithredu ar raddfa digon mawr i gwblhau'r dasg ac i gyfiawnhau'r offer angenrheidiol. Hefyd, rhaid graddio gwlân yn ôl gwerth, a does dim angen defnyddio'r graddau uchel ar gyfer deunydd ynysu, gan fod gwlân bras, lliw tywyll yn ddigonol. Serch hynny, yr elfen ddrutaf o'm ymdrech i ynysu'r tŷ ydi'r gost am y gwlân.

Y broblem i'r ffermwr yw nad yw'r pris a geir am y cnu yn ddigon i dalu am y cneifio – sy'n hollol angenrheidiol ar gyfer iechyd a lles yr anifail. Ei unig ffordd yw ennill yr arian yn ôl gyda gwerth yr anifail fel cynnyrch cig, neu, ychwanegu gwerth at y gwlân drwy ddyfeisio ffyrdd newydd o ddefnyddio'r gwlân gwerth uchel. Dyna ddylai nod y Bwrdd Gwlân fod yn nhyb rhai, yn hytrach na dibynnu'n llwyr ar y farchnad garpedi yn y wlad hon a thramor.

# PENNOD 4
• FFRWYNO'R ELFENNAU •

Unwaith y bydd y broses o ynysu'r adeilad wedi'i chwblhau, a'r ymdrech orau posib wedi ei gwneud i arbed colli gwres (ac arian) drwy'r strwythur, gellir dechrau meddwl am ba system wresogi sydd fwyaf addas ar gyfer y tŷ. Heb insiwleiddio'n gyntaf, mae'n amhosib gwybod maintioli'r system sydd ei angen, gan bod adeilad sy'n perfformio'n dda o ran cadw gwres i mewn angen system wresogi llai nag adeilad heb unrhyw ddeunydd ynysu ynddo.

Tasg sydd angen cryn dipyn o feddwl ymlaen llaw arni i wireddu'r gwaith o adnewyddu unrhyw adeilad yn llwyddiannus yw cysidro pa wasanaethau fydd eu hangen – dŵr, trydan a modd o gynhesu'r tŷ a'r dŵr. Mae hyn o bwys yn enwedig os yw'n fwriad byw 'oddi ar y grid' drwy gynhyrchu'r ynni'n lleol, neu wrth ddewis opsiynau di olew, fel sy'n dod yn fwy a mwy gofynnol y dyddiau yma.

Wrth gwrs, erbyn hyn, mae'r angen i gynnig atebion i gynhesu byd-eang yn golygu bod gwthio ar y dechnoleg carbon isel, gyda chymhelliant ariannol i fabwysiadu'r datblygiadau diweddaraf mewn ynni adnewyddadwy. Dyma roes fodolaeth i'r Cymhelliant Gwres Adnewyddadwy (CGA), gan mai'r galw am nwy ar gyfer gwresogi adeilad sy'n gyfrifol am yr allyriadau carbon mwyaf yn y cartref.

Yn y tyddyn, gyda chyflenwad dŵr a thrydan ar gael, ond angen eu diweddaru, dyma gyfle i asesu potensial ynni adnewyddadwy y safle.

**Cynllun Cymhelliant Gwres Adnewyddadwy (CGA) Domestig**

Cynllun gan Lywodraeth y DU oedd y Cymhelliant Gwres Adnewyddadwy gyda'r nod o annog deiliaid tai, cymunedau a busnesau i ddefnyddio technolegau gwres adnewyddadwy drwy gymhellion ariannol, a chynyddu'r opsiynau gwresogi o ffynonellau adnewyddadwy. Hyn wrth gwrs mewn ymdrech i leihau allyriadau carbon deuocsid a helpu atal cynhesu byd-eang, a chefnogi'r polisi o symud tuag at sero net.

Adran Busnes, Ynni a Strategaeth Ddiwydiannol (BEIS) Llywodraeth y DU a oedd yn gweithredu'r polisi allweddol a gweinyddwyd y cynllun gan y rheolydd ynni Ofgem E-Serve.

Roedd dwy fersiwn: domestig, ac annomestig. Lansiwyd y cynllun domestig ar 9 Ebrill 2014 a cynigai gymorth ariannol i berchennog y system wresogi adnewyddadwy am saith mlynedd. Roedd y cynllun yn cwmpasu Cymru, Lloegr a'r Alban.

Y mathau o system wresogi y cynigwyd taliadau arnynt:

- boeleri biomas
- gwresogi dŵr solar
- rhai pympiau gwres

Ymunais â'r cynllun yn 2015 pan osodwyd fy system, a derbyniais daliadau ar gyfer y system biomas a'r system cynhesu dŵr o baneli solar. Mae'r cyfuniad yma o system ynni yn gweithio'n dda efo'i gilydd. Daeth y taliadau i ben i mi yn 2022.

Doedd y dewis hwn ddim heb ei sialens chwaith: ar un adeg nid oedd y Llywodraeth yn fodlon cefnogi'r stof biomas oedd gennyf i a sawl cwsmer arall mewn golwg. Roedd y stof Klover Smart a ddyluniwyd yn yr Eidal yn medru cynnig opsiwn defnyddio'r stof fel ffynhonnell goginio ac nid oedd y polisïau cyntaf yn cefnogi hyn. Wedi cyfnod o lobïo'r penderfyniad gan y diwydiant, a diolch i'r Aelod Seneddol ar y pryd, Elfyn Llwyd, am gario'r fflam i mi yn Nhy'n Twll, gwrthdrowyd y penderfyniad hwn. Yn y cyfamser, collwyd cyfle i fanteisio ar y tariff cyntaf, gorau ond llwyddais i dderbyn yr ail orau. Mae llun o'r stof Klover Smart 120 i'w weld ar dudalen 67.

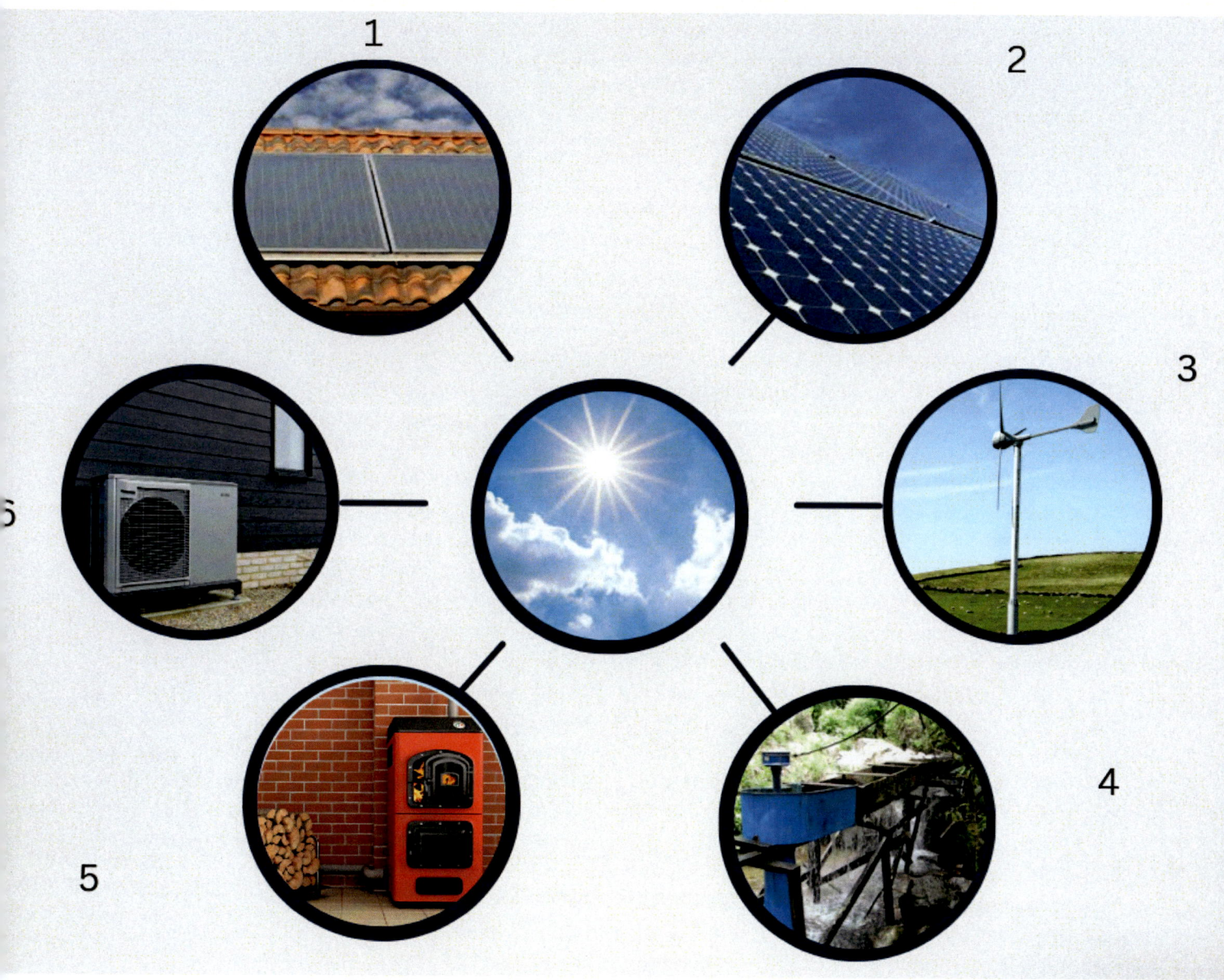

*Ffynonellau Ynni Adnewyddadwy*
*1. Solar i gynhesu dŵr. 2. Solar i gynhyrchu trydan. 3. Gwynt. 4. Dŵr. 5. Biomas. 6. Pwmp Gwres*

## Dŵr

Y dechnoleg oeddwn yn ei ffafrio orau yw pŵer hydro, a grym dŵr oedd yn pweru nifer fawr o ffermdai tan yn gymharol ddiweddar. Mae'r dechnoleg ar ei newydd wedd, gydag elfennau mwy effeithlon, wedi atgyfodi yng nghefn gwlad yn y blynyddoedd diwethaf, dan nawdd grantiau gan lywodraeth San Steffan. Does dim ffynhonnell ddŵr ddigonol ar gyfer system hydro yn Nhy'n Twll, felly rhaid oedd edrych am ffynonellau eraill. Ond y gamp gyntaf oedd sicrhau cyflenwad dŵr digonol ar gyfer y cartref cyn dim byd arall.

Mae ffynnon a berthynai i'r tyddyn yn tarddu mewn cae o'r enw Buarth y Lludw sydd dan berchnogaeth cymydog erbyn hyn ond bod cyn denant wedi gosod pibelli yn y nant yn uwch i fyny i osgoi problemau llygredd (fel llyffant!) yn y dŵr. Roedd yna ddiffygion efo'r system yma hefyd, gan nad oedd cynnal a chadw wedi cymryd lle i sicrhau llif dibynadwy o'r nant.

Felly, asesu'r sefyllfa a sicrhau cyflenwad dŵr dibynadwy i'r tŷ oedd un o'r tasgau mwyaf angenrheidiol pan ddois yn berchen ar y tyddyn. Arwain y bibell o'r nant dros 200 metr i lawr y bryn tuag at y tŷ, ac nid ar chwarae bach mae cynnal a chadw'r llif i redeg ynddi; sy'n esbonio efallai pam fod esgeuluso'r dasg wedi bod yn gymaint o broblem!

Tri pheth all ddylanwadu ar y rhediad: llifogydd a all olchi gwaddod mawn ac ati i dagu'r bibell; rhew yn y gaeaf gan fod y tarddle mewn cil haul; neu sychu mewn tywydd poeth, sydd wedi digwydd efo'r sychder diweddar. Un flwyddyn cafodd y wal fynydd ei dymchwel a'r cerrig mawr yn peri i'r nant orfod ffeindio cwys newydd iddi ei hun. O'r holl benderfyniadau a gymerais, mae'n debyg mai hwn oedd y camgymeriad mwyaf pell gyrhaeddol i mi ei wneud.

Datblygiad cymharol ddiweddar ydi cyflenwad dŵr i mewn i'r tŷ, a byddai pobl ers talwm yn cario dŵr o'r ffynnon. Yn aml iawn byddai lleoliad tŷ yn cael ei benderfynu gan bresenoldeb ffynnon. Yn Nhy'n Twll mae'r llwybr o'r tŷ yn arwain heibio'r beudy, drwy'r giât fach i'r cae ac i fyny at y wernen, a'r ffynnon yn tarddu wrth ei thraed.

Oherwydd rhesymau hanesyddol y cyfeiriais atynt uchod, newidiwyd tarddiad y dŵr, a'r prif gyflenwad i'r tŷ erbyn hyn yn deillio o'r nant uwchben y ffynnon. Penderfynais innau ddilyn y system hon. Mae'n gryn bellter o'r tŷ, ac yn siwrne i fyny'r llechwedd i mi bob tro roedd yna broblem. Rhed y dŵr dan ddisgyrchiant yn ôl i lawr at y tŷ. Camgymeriad oedd peidio newid y system ar y dechrau: treuliais oriau maith yn ceisio cael y dŵr i redeg oherwydd gwaddod mawn oddi ar y mynydd neu awyr gaeth yn y bibell yn rhwystro'r llif, ac yn newid yr hidlwyr yn nghefn y tŷ. Cefais lawer o anhawster ac adegau heb ddiferyn o ddŵr yn y tŷ; dro arall, yn dilyn llif arbennig o drwm a olchodd gerrig o wal y mynydd i lawr at yr argae a disodli rhan ohoni o'i lle, byddai gormod o lif a gwaddod yn cau ceg y bibell. Cefais arbenigwr i edrych ar welliannau ac ail leoli'r tanciau. Gosodwyd ffilter sy'n arnofio ar wyneb y dŵr yn y tanc mwyaf, a gyda thrwsio'r argae, gobeithio yn awr y bydd yn gweithio'n well nag o'r blaen. Er hynny, gan fod y cyfan mewn cil haul, yn ystod y gaeafau gwaethaf gall y pibelli rewi, fel a

## Y System Ddŵr Bresennol

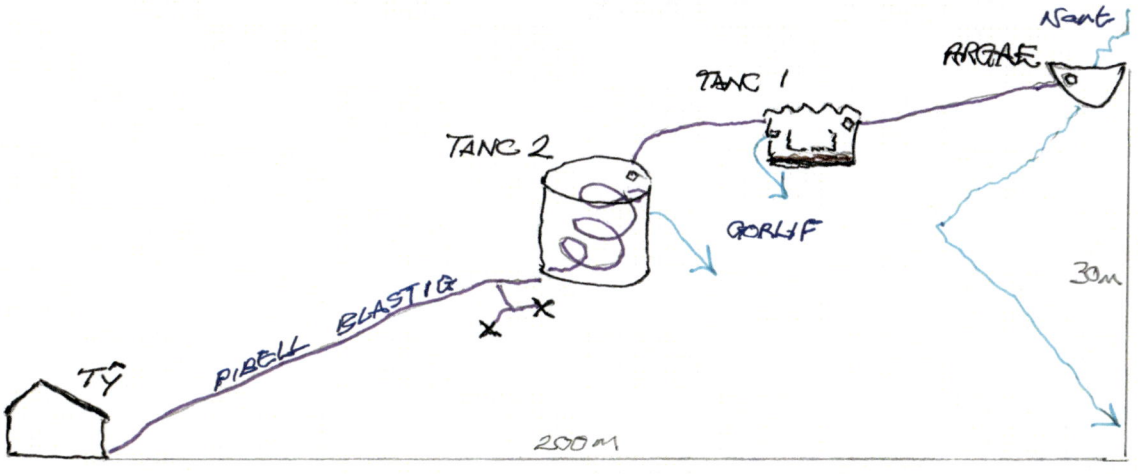

*Y System Ddŵr (nid ar raddfa)*

ddigwyddodd yn ystod rhewynt Chwefror 2021. Sadio'r system ddŵr a diogelu'r llif sy'n parhau'n orchwyl bwysig hyd heddiw. Ar waethaf yr holl dechnoleg, y system symlaf yw'r ateb bob tro.

O bob anhawster dwi wedi ei wynebu, y diffyg dŵr yw'r un mwyaf trafferthus – gymaint ein dibyniaeth a'n disgwyliadau wrth agor y tap at ddibenion ymolchi a glanweithdra'r tŷ. Dwi'n dibynnu ar gawod sy'n gallu defnyddio llai o lif. Rhaid amseru'r peiriant golchi dillad yn ofalus i gyd-fynd â'r tywydd a does gen i ddim peiriant golchi llestri.

Erbyn hyn, dwi ar fin gweithredu'r trydydd fersiwn o'r system gyflenwi dŵr, gyda phibelli mwy o faint all roi pwysedd digonol i'r llif glaw ar gyfer y tŷ bach a'r peiriant golchi, er mwyn sicrhau bod y tanc yn aros yn llawn ar gyfer tasgau eraill.

Mae'r meddylfryd hyn wedi newid o fewn cenhedlaeth: mae Mam yn cofio cario dŵr o'r ffynnon i'r tŷ ar y fferm ble'i magwyd ac felly'n cofio gwneud defnydd gofalus ohono. Cymaint y mae ein syniadau a'n gwerthfawrogiad wedi dirywio erbyn hyn. Gyda'r hafau sych yn debyg o fod yn hir dan ddylanwad newid yn yr hinsawdd a chyflenwad dŵr yn mynd a dod, bydd rhaid i'n gorddefnydd o ddŵr ddod i ben a'n gwerthfawrogiad ohono ddychwelyd at ddefnydd mwy cymedrol. Efallai nad ydi o'n brin yng Nghymru gyda'n tywydd gwlyb, ond rhaid cofio mai mewn cylch mae dŵr yn symud – ble mae prinder mewn un man mae gormodedd a llifogydd mewn man arall, ac fel mae'r blynyddoedd tymhestlog diwethaf yn tystio, mae effaith cynhesu byd-eang yn golygu bod mwy o lifogydd i ddod. Cyn hynny, bydd rhaid ailystyried ein defnydd o'r adnodd pwysig hwn.

## System Solar i Gynhesu Dŵr

Nid technoleg newydd yw'r system o gynhesu dŵr o belydrau'r haul: ceir hanes dyfeisiadau yn y UDA yn dyddio'n ôl dros 125 mlynedd a datblygodd y dechnoleg yn fwy fforddiadwy yn y 1970au, wrth i brisiau olew gynyddu. Dois ar draws y dechnoleg yma ar drip dosbarth Ffiseg yn yr ysgol i Ganolfan y Dechnoleg Amgen (C.A.T.) yn Machynlleth, a sylweddoli bryd hynny bod modd manteisio ar ffynhonnell ynni'r haul, hyd yn oed yng Nghymru lawog.

Mae'r math yma o banel solar yn wahanol i'r paneli sy'n cynhyrchu trydan (a elwir yn baneli *photvoltaic*). Mae'r paneli solar thermal yn casglu ymbelydredd a throsglwyddo'r gwres ar gyfer dŵr i'r cartref, ac nid trydan. Gall gyflenwi hyd at 70% o'r dŵr poeth dros flwyddyn; tua 90% yn yr haf, a rhwng 25% a 30% yn y gaeaf. Yn fy achos i, gall diwrnodau niwlog yn Nhy'n Twll effeithio faint o ddŵr poeth y gallaf ei dderbyn gan y system.

Fe'u gosodir ar y to ac yn wynebu'r de, ar ongl addas i gael yr effeithlonrwydd uchaf posib, a dylid osgoi cysgod o goed, adeiladau, simneiau ac ati. Gan fod angen silindr dŵr i storio'r gwres, maent yn fwyaf addas pan fo perchennog yn adnewyddu'r adeilad ac yn barod i drawsnewid y system blymio. Mae'r system wresogi yn gorfod cydweddu am yr un rheswm i gysoni'r dewis o foiler cywir. Oherwydd bod y paneli hyn yn cydweithio'n dda gyda system biomas, un yn cyflenwi dŵr poeth yn yr haf, a'r llall yn y gaeaf, roedd posib i mi fanteisio ar y Cymhelliant Gwres Adnewyddadwy ac ennill dwy ffrwd o daliadau ar yr un pryd. Oherwydd maint fy system, yn cyflenwi un person yn unig, doedd y taliadau yma ddim mor hael â'r tariff ar gyfer y biomas.

Argymhellir rhwng 1m$^2$ a 2m$^2$ ar gyfer pob person yn y tŷ: maint fy system i yw 4m$^2$ ac mae'r ddau banel yn rhai llyfn sydd wedi eu hadeiladu i mewn i strwythur y to, ac nid yn eistedd ar ben y llechi. O'r herwydd, gosodwyd hwy ar ben yr estyll pan oedd y sgaffald i fyny, i fanteisio ar argaeledd y to bryd hynny. Mae angen meddwl am y math o system a phryd a sut i'w gosod ar yr un cyfnod â'r gwaith ar y to.

Erbyn Awst 2023 mae yna dros 43,500 o'r systemau yma wedi eu gosod yn y DU; llawer llai nag o'r pympiau gwres. Er bod y systemau hynny yn llawer drutach i'w gosod mae yna fantais bod posib cynhesu'r dŵr yn ogystal â'r adeilad gyda'r rhain.

*Lleoliad y paneli solar yn y to*

## Tân Drwy Losgi Biomas

Mae cadw'n gynnes mor bwysig â chadw'n sych a chysgodi rhag yr elfennau ac wedi bod yn flaenoriaeth er oes yr arth a'r blaidd. Gellir dadlau bod hanes pensaernïaeth y tŷ yn gyffredinol wedi esblygu o gwmpas yr aelwyd, gan mor bwysig oedd y tân i'r cartref, boed yn blasty neu'n fwthyn cyntefig. A hyd heddiw, sut i gadw'n gynnes yn y cartref yw un o sialensau bywyd yng nghefn gwlad, lle nad oes rhwydwaith barod o gyflenwad nwy, a lle mae'n rhaid dibynnu ar danwydd costus fel glo neu olew i gynnal cynhesrwydd y cartref.

Yn wyneb datblygiadau diweddar yr angen i frysio at dargedau carbon sero, mae'r galw am danwydd di ffosil wedi cynyddu, a gyda phrisiau ynni wedi cynyddu cymaint eleni, mae rhai yn wynebu'r sefyllfa ddigalon o orfod dewis rhwng cynhesu'r cartref neu brynu bwyd.

Gosod deunydd ynysu i sicrhau bod unrhyw wres a gynhyrchir yn aros o fewn yr adeilad yw'r cam cyntaf wrth adnewyddu beth bynnag yw'r bwriad. Hon yw'r rheol gyntaf a phwysicaf cyn cychwyn meddwl am system wresogi. Unwaith mae'r deunydd ynysu yn ei le, a dylid gwario amser yn sicrhau haen ddi-dor rhwng pob elfen – yna gellir canolbwyntio ar sut i gynhesu'r adeilad.

Byddai'r sawl fu'n byw yma yn y blynyddoedd a fu yn dibynnu ar y ddwy simnai i gynhesu'r tŷ – yn gyntaf gyda choed ac yna gyda glo unwaith y daeth y rheilffordd o Riwabon i'r Bermo drwy'r ardal yn 1868, a chludo'r tanwydd cyfleus. Roedd swyddogaeth pwysig i'r tân – i gadw pawb yn gynnes wrth reswm, ond hefyd i gadw'r muriau'n rhydd o leithder a gwthio unrhyw wlybaniaeth allan drwy'r waliau. Dyma hanfod hen adeilad o'r fath – ei fod yn caniatáu i leithder symud i mewn ac allan o'r waliau cerrig a chalch. Byddai'r tân yn gweithio ddydd a nos a byth yn diffodd ar aelwydydd ers talwm, er mwyn cynnal y swyddogaeth bwysig hon o rwystro lleithder. Roedd hefyd yn fodd i goginio arno a'r aelwyd oedd canolbwynt y tŷ a'r teulu.

Erbyn heddiw, wrth gwrs, mae gwres canolog wedi gweddnewid aelwydydd a'n ffordd o fyw. Gall pob ystafell yn y cartref fod yn glyd a chynnes, os mynnir, drwy ddefnyddio boeleri gyda thanwydd nwy neu olew. Gyda'r angen i leihau ein allyriadau carbon, mae hyn yn raddol newid wrth inni symud tuag at ddyfodol carbon isel.

Fel ambell i ffermdy, stof goed a wresogai'r tŷ gyda boeler tu cefn i gynhesu dŵr a phopty a phlât coginio arni. Gosodwyd y system hon yn y 1960au a chyn hynny mae'n debyg mai hen *range* oedd ar yr aelwyd. Yn anffodus, pan gyrhaeddais nid oedd digon o ofal wedi bod o'r stof ac roedd wedi gweld dyddiau gwell.

*Yr hen stof Stanley a welodd ddyddiau gwell*

Yn yr ystafell fyw roedd tân agored mewn grât o tua 1950au, ond roedd olion yr hen simnai i'w gweld o fewn yr adeiladwaith cerrig. A barnu ar faint o huddygl ddaeth allan o'r ddwy simnai, prin fod lle i'r mwg godi!

*Mynydd o huddyg a sbwriel ddaeth i lawr y simnai*

Mae dwy simnai i'r tŷ, un bob talcen, a gyda newidiadau dros y blynyddoedd caed tanau o wahanol gyfnodau gan drawsnewid y ddwy aelwyd. Er hynny, coed tân fyddai'r tanwydd yn dilyn canrifoedd o draddodiad, ac nid oes prinder coed o amgylch i'r diben hyn hyd heddiw.

Wrth ddewis pa system i wresogi'r tŷ a'r dŵr, bu imi ystyried nifer o ffactorau. Gan mai fy mwriad oedd codi'r llawr, roedd gen i gyfle i osod gwres tanlawr. Mae'r systemau tan llawr yn gweithio'n dda gyda'r dechnoleg mwyaf newydd, fel pympiau gwres. O safbwynt dewisiadau gwyrdd, ynni adnewyddadwy sy'n orfodol. Mae dewis o sawl math, yn dibynnu pa un ai gwres neu bŵer (trydan) sydd ei angen. Oherwydd bod cyflenwad parod o drydan i'r tŷ eisoes nid oedd yr olaf yn ystyriaeth i mi; yn ogystal, mae'r modd o gynhyrchu trydan yn dibynnu ar ba ffynhonnell sydd fwyaf parod – yr haul, dŵr neu wynt. Tan yn gymharol ddiweddar dibynnai llawer yng nghefn gwlad ar ynni hydro ac mae datblygiadau mwy modern ac effeithiol o ddefnyddio dŵr i gynhyrchu trydan i'w cael erbyn hyn, a systemau hydro o bob maint yn ffyrdd effeithiol o gynhyrchu trydan yn lleol.

| OPSIYNAU GWRESOGI'R CARTREF | | |
|---|---|---|
| Nodwedd | Stof Goed | Stof Beledi |
| Cynhesu'r tŷ a dŵr (M) | ✓ | ✓ |
| Coginio (M) | ✓ | ✓ |
| Tanwydd rhad (M) | ✓ | ✗ |
| Angen prosesu (A) | ✓ | ✗ |
| Angen lle i storio (A) | ✓ | ✓ |
| Angen trydan (A) | ✗ | ✓ |
| Taliadau CGA (M) | ✗ | ✓ |
| Gwres i'r ystafell (M) | ✓ | ✓ |
| Gweld y fflam (M) | ✓ | ✓ |
| Llosgi'n effeithiol (M) | ✗ | ✓ |
| Angen bwydo'r stof (A) | ✓ | ✓ |
| Posib defnyddio amserydd (A) | ✗ | ✓ |
| (M) Mantais (A) Anfantais | | |

### Gair am y Costau

Fel mae'n digwydd erbyn hyn mae'r cynllun ariannu ECO4 wedi galluogi i nifer o dai h2h ennill cefnogaeth i osod systemau amgen, pympiau gwres, gan amlaf. Mae rhai heb wres canolog o gwbl hefyd wedi manteisio ar gael deunydd ynysu wedi ei osod a'r system wresogi am ddim. Gambl oedd imi ddewis CGA am nad oeddwn am aros am y gyfundrefn ECO4. Gwell aderyn mewn llaw …

Felly, mae'n broses braidd yn boenus trafod y costau; gallwn fod wedi arbed rhwng £20,000 a £25,000 wrth aros am 10 mlynedd cyn gwella'r system wresogi; ond gyda'r sefyllfa wleidyddol mor anwadal a gwamal teimlwn y byddai'n ormod o risg i ddibynnu'n llwyr ar bolisïau oriog Llywodraeth San Steffan. Ar ben hynny, pur annhebyg y byddai'r grant ECO4 yn talu am ddeunydd ynysu naturiol gan ei fod mor ddrud i'w brynu a'i osod. Dwi'n amcangyfrif fod y mesurau gwyrdd wedi costio tua theirgwaith y pris arferol imi, ar gyfartaledd. Byddai'n orfodol imi dderbyn pa bynnag system oedd yn cael ei chynnig o ran deunyddiau ynysu, ac yn cyfaddawdu fy egwyddorion gwyrdd. Tydi gwneud dim a disgwyl i ddatrysiadau ddod ataf fi ddim yn fy natur; doed a ddelo. Rhaid cyfaddef, dwi'n teimlo'n siomedig mai'r bobl hynny sy'n cymryd camau i ddatrys eu hôl troed personol gyntaf sy'n colli allan yn y fan hyn. Ond nid cwyn newydd yw hon o bell ffordd. Serch hynny, dwi'n teimlo nad ydi hi wedi talu imi fod ar flaen y gad bob amser!

**System Wresogi**

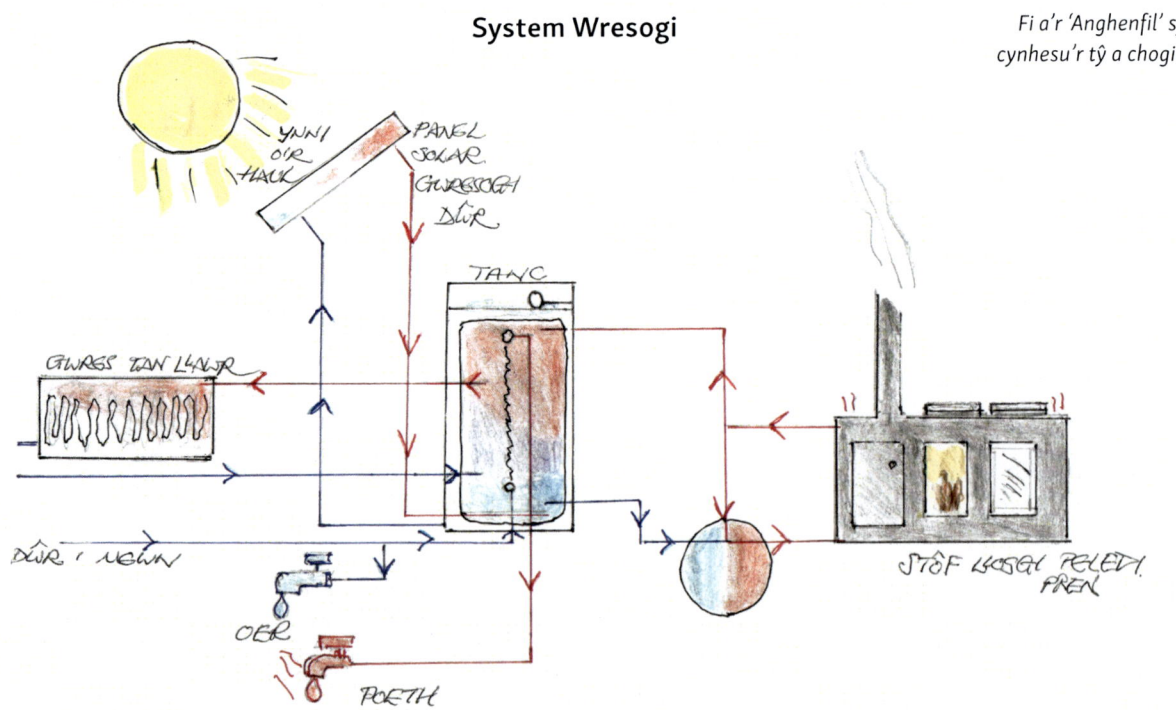

*Fi a'r 'Anghenfil' sy'n cynhesu'r tŷ a choginio*

Y system wresogi gyda'r paneli solar a'r stof biomas

# PENNOD 5
### • GWÂL GYSURUS •

*Drysau gwydr rhwng y cyntedd a'r gegin i ganiatáu golau*

Ar ôl cyflawni'r dasg adeiladu, insiwleiddio a dewis system wresogi, dilynais yr egwyddor o wneud newidiadau syml y tu mewn i'r adeilad: rhai y gellid eu newid yn weddol ddiffwdan pe bai raid. Nid oes ond y defnydd lleiaf o blastrfwrdd yn y gegin a'r ystafell molchi, gan ei fod yn amhosib ei ailgylchu ar y pryd, oherwydd plastr gypsum, all ryddhau nwy gwenwynig. Byddai angen cael plastrwr hefyd i orffen wyneb y bwrdd, wedyn ei baentio. Roeddwn yn chwilio am ddeunydd nad oedd angen gwaith arno ar ôl ei osod, ac felly dewisais drin y waliau mewnol mewn modd gwahanol i'r arfer. Gwnes ymgais i sicrhau'r math o waliau nad oedd angen eu paentio yn y lle cyntaf. Ar y llawr isaf mae panel pren pin tafod a rhych hyd hanner y wal, a ddaeth o hen gapel. Yn y llofftydd mae waliau o baneli pren sy'n dilyn patrwm a welid mewn hen ffermdai ers talwm, gyda bordiau 'mewn ac allan'.

Wrth gamu i'r tŷ drwy'r hen ddrws ffrynt, mae'r paneli tafod a rhych yn gweddu'r olwg oedd yn y cyntedd yn wreiddiol, ac yn dangos fy ymgais i ailddefnyddio ac ail bwrpasu cymaint â phosib. Tynnwyd y waliau gwreiddiol o ais a chalch gan fy mod yn codi'r llawr, ac roedd angen rhannu'r cyntedd oddi wrth y gegin a'r stafell eistedd, yn bennaf i roi lle i welingtons a sgidiau mwdlyd. Daeth y preniau ais llychlyd yn ddefnyddiol iawn ar gyfer cynnau'r tân gan eu bod mor sych.

Cefais afael ar bâr o ddrysau paneli gwydr o siop hen bethau am bris syfrdanol o rad, a dyna ni y llawr gwaelod yn barod! Gorchuddiwyd gweddill y waliau gyda'r paneli pren gwreiddiol achubais o nenfwd cefn y tŷ. Gelwir y ffasiwn yma yn *shabby chic* ond i lawer ohonom, mater o raid yw defnyddio cymaint ag y gallwn o'r deunydd sydd ar gael; nid yn unig i arbed arian ond i osgoi gwastraffu deunyddiau fyddai'n gorfod cael eu cludo i'r safle ailgylchu.

*Drws gwreiddiol y gegin yn cael ei ddymchwel*

*Y pared newydd a'r byrddau pin*

*Trawst derw o'r 19eg ganrif sy'n cynnal y to yn y gegin*

Un newid roeddwn yn falch o fod wedi ei wneud oedd torri twll drwy'r wal i adael golau o'r ffenestri to i mewn i'r gegin: byddai'r stafell honno yn rhy dywyll fel arall, heb adael y golau trydan ymlaen drwy'r amser. Yn lle trawst dur i bontio'r twll a chynnal y to, dewisais dri polyn derw ddaeth o hen sgubor – wedi cael sêl bendith peiriannydd y byddai'n dal pwysau'r to! Hyd heddiw, maent yn edrych fel eu bod wedi bod yno erioed.

Mae'r dewis o baent ble'i defnyddir yn bwysig o fewn hen adeiladau; nid yn unig i oleuo beth sydd yn aml iawn yn stafelloedd tywyll, ond mae paent ar gael sy'n llai andwyol i'r amgylchedd ac yn anadlu. Gellir golchi'r brwshys ar gyfer y rhain mewn dŵr yn unig: paent clai a ddefnyddiais i er bod sawl math ar gael erbyn hyn.

Yn unol â'm egwyddorion o ailddefnyddio pethau, roedd dodrefnu'r tŷ yn dilyn yr un drefn: cafodd hen ddodrefn gartref newydd a dim ond matresi a mân bethau a brynwyd o'r newydd: eitemau i'r gegin a'r stafell molchi oedd y rhan fwyaf o'r rhain.

Wrth ddodrefnu'r tŷ, sylweddolais yn gynnar iawn bod yn rhaid dewis yn ofalus beth oedd yn cael aros yn y stafelloedd: mae'r rhan fwyaf o'm heiddo wedi dod o'm cyn gartref, er nad oedd lle i'r dreser fawr o Oes Fictoria a adawais yng Nghaerdydd. Wrth orlenwi'r gofod, mae'r tu fewn yn mynd i edrych yn fach iawn. Problem arall sydd gennyf ydi gormodedd o lyfrau: llawer na fedra i oddef cael gwared ohonynt. Gosodais silffoedd oddi tan y grisiau i gymryd rhai o'r llyfrau llai o faint, gan fod pob twll a chornel arall yn llawn. Cefais afael ar gadair freichiau Ercol o siop ail law yn Amwythig, a hon yw'r lle mwya cyfforddus i eistedd ynddi, reit wrth ochr y tân.

*Yr ystafell eistedd efo'r stof fach ynghyn a'r gadair fwyaf cyfforddus yn y tŷ*

STAFELL MOLCHI – CYN AC AR ÔL

Parhau mae'r ymdrech i wneud dewisiadau gwyrdd drwy wneud gwelliannau sy'n hanfodol i greu cartref cysurus, a gyda hynny, mae'r opsiynau prynu offer ar gyfer y tŷ yn dod yn bwysig, yn enwedig os bwriedir iddynt wneud hir oes o wasanaeth.

Dwy stafell angen eu gosod o'r newydd fyddai'r gegin a'r stafell molchi. Gan mai dŵr o'r nant fyddai'n cyflenwi'r tŷ, dewisais offer effeithlon o ddefnydd dŵr i osgoi gwastraffu adnodd allai fod yn brin. Penderfynais osod cawod yn unig, a hepgor y bath. Penderfyniad annoeth efallai, o gofio mor hoff o ymlacio yn y twb oeddwn i, a bod digon o le iddo yn y stafell molchi. Ar noson oer, does dim yn well i gynhesu rhywun, ond ar y pryd gwnaed y penderfyniad i osgoi gwastraffu dŵr gan mai dyma oedd y consérn mwyaf.

Am yr un rheswm, does dim peiriant golchi llestri gennyf, ac er bod rhai (yn enwedig y cwmnïau gwneuthuro) yn mynnu eu bod yn fwy effeithiol o ran ynni a dŵr, dydw i ddim wedi fy argyhoeddi o gwbl, yn enwedig o gofio nad oes ystyriaeth wedi ei roi i'r cemegau sy'n y tabledi golchi, a all lygru ac amharu ar y system garthffosiaeth yn y tanc septig.

Mae'r dewis o offer trydanol hefyd yn un dyrys: defnyddiais un model peiriant golchi dillad o'r Almaen yn ddidrafferth ar hyd y '90au; roedd yn effeithlon iawn o ynni a dŵr ac wedi rhoi blynyddoedd o wasanaeth di-dor. Gyda system cynhesu dŵr solar, fodd bynnag, mae yna rwystredigaeth na allwn ddefnyddio'r dŵr poeth parod ar gyfer y peiriant golchi dillad, gan nad oes pibell ddŵr poeth ar beiriannau golchi dillad mwyach. Mae peiriannau all ddefnyddio dŵr poeth o system solar ar gael gan gwmni Ebac o swydd Durham, a'r pris yn adlewyrchu hynny. Felly peiriant ail-law efo pibell ddŵr poeth sydd gennyf sy'n addas ar gyfer system solar.

*Y gegin yn dod at ei gilydd*

## Rhedeg Peiriant Golchi Dillad gyda Dŵr Poeth o System Solar

Mae'r ddadl yn mynd rhagddi o ran peiriannau golchi sydd ond yn cynnig llenwad oer. Un tro roedd gan bob peiriant golchi'r opsiwn i fod yn beiriant llenwi poeth, gan gymryd dŵr poeth yn uniongyrchol o'ch system boeler i wneud y golchi, ond mae'r cwmnïau sy'n adeiladu'r peiriannau golchi bellach yn honni eu bod wedi dileu'r opsiwn hwn er budd defnyddwyr a'r amgylchedd.

Peiriannau golchi llenwi oer yw'r safon bellach, gyda chynhyrchwyr yn honni bod dŵr poeth yn lladd yr ensymau yn eich glanedydd golchi sydd i fod i fynd i'r afael â baw a germau. Dyna'r duedd rŵan, gall cemegolion lanhau eich dillad/llawr/beth bynnag a fynnir mewn tymheredd is. Yr wrthddadl yw mai ffordd syml yw hon i weithgynhyrchwyr gael gwared ar y gost o gael y ffitiadau ychwanegol ar gyfer uned dŵr poeth mewn peiriant golchi dillad.

Gyda'r rhai ohonom sy'n meddu ar system cynhesu dŵr o baneli solar, mae'n golygu fod yna gyflenwad parod o ddŵr poeth ar gael i olchi dillad pan mae'r haul yn tywynnu. Mae hyn yn arbed y gost o gynhesu'r dŵr yn y peiriant, a all fod yn drwm ar drydan. Felly mae'r penderfyniad o gynhyrchu peiriannau golchi dillad neu olchi llestri heb yr opsiwn i ddefnyddio cyflenwad dŵr poeth o system solar yn anfanteisiol.

Mae'n drueni mawr fod cynhyrchwyr wedi rhoi'r gorau i gynhyrchu peiriannau golchi dillad gyda phibelli cyflenwad oer a phoeth. Roedd gennyf beiriant golchi dillad AEG effeithiol o ran ynni a dŵr a weithiodd yn ddi-dor am ddegawd a mwy heb drafferth. Piti nad yw hwnnw ar gael y dyddiau yma gyda fersiwn mwy effeithlon, ond gyda'r ddwy bibell gyflenwi yn hytrach na'r un.

Wedi dweud hynny, dwi'n gwybod am un cwmni o swydd Efrog sy'n cynnig peiriant all ddefnyddio dŵr o system solar - ond fod cost y peiriant gan Ebac yn adlewyrchu'r nodwedd honno.

*Y ffordd orau i sychu dillad*

Mae ambell i beth yn meddu ar stori tu cefn iddo. Daeth y paneli pin tafod a rhych yn y cyntedd a soniais amdanynt yn gynharach, o gapel Rhosygwaliau, nid nepell o'r Bala, wedi iddo gau. Felly hefyd y lampau serameg oedd yn crogi o nenfwd uchel yno: bu bron imi dorri fy ngwddw yn ceisio estyn amdanynt o ben twr sigledig. Yn rhyfedd iawn, cefais fy medyddio yn y capel hwn, a diolch i gymydog a sadiodd y twr, nid yma y daeth y diwedd imi diolch byth! Mae arwyddocâd arbennig y darnau hyn yn mynd tu hwnt i eitem fedrwn brynu mewn unrhyw siop; teimlaf bod yna reswm pam eu bod wedi dod i'm meddiant – a hynny yn ddianaf. Bron na fedrant adrodd eu stori wrth imi roi cartref newydd iddynt.

Nodwedd arall a gadwais oedd yr hen switshis golau Bakerlite ar eu patresi pren. Mae posib prynu rhai newydd ond mae cymeriad i'r hen rai hyn, hynny yw, os gallwch ffeindio trydanwr sy'n fodlon eu gosod. Roeddwn yn amlwg yn lwcus o'r trydanwyr yn Nhy'n Twll a aeth cyn belled â gosod hen *chandelier* oedd wedi bod yn sefyllian yn y glaw yn ôl yn y tŷ!

Wrth osod y gegin, bûm yn chwilio'n hir am saer allai osod unedau wedi eu gwneud o bren wedi ei ailgylchu. Yn anffodus, roedd y syniad braidd yn newydd ar y pryd, a'r saer oedd gennyf mewn golwg yn rhy brysur. Er bod modd cael dewis eang o geginau ail-law, ceginau o bren wedi ei ailddefnyddio a cheginau wedi eu hail bwrpasu o wahanol ddodrefn, doedd ond dewis cyfyng bryd hynny a gorfu imi fynd am unedau modern yn y diwedd, oherwydd prinder amser. Dewisais sgerbwd i'r unedau llawr yn unig, oherwydd bod silffoedd agored a chwpwrdd addas gennyf eisoes. Cefais afael ar handlenni pren o siop hen bethau yn Harlech cyn iddi gau. Daeth yr wyneb gweithio ar ben yr unedau o bren trofannol durol – ail-law wrth gwrs – o hen ddosbarth Gwyddoniaeth mewn ysgol rhywle yn Llundain. Felly mae hanes i bob eitem yn y tŷ, am eu bod wedi cael bywyd blaenorol. Gallai mwy na'r waliau siarad yma! Cyfuno'r gorau o'r hen a'r newydd yw fy nod yn y diwedd: erbyn heddiw mae'r cylchgronau *glossies* yn llawn tai cyfforddus yn dangos pobl wedi ail bwrpasu bob math o bethau.

*Y lamp yn ei lle yng Nghapel Rhosygwaliau*

*Panel tafod a rhych a'r patres golau wedi eu gosod*

## Yr Economi Gylchol

Beth a olygir wrth sôn am yr Economi Gylchol? Gellir dychmygu economi gylchol fel strwythur ar gyfer economi sy'n efelychu cylchoedd natur: ble mae pob elfen yn cael ei ailgylchu a does dim yn cael ei wastraffu, mewn un cylch di-dor, caeëdig. Mae ffordd o fyw cymdeithasau brodorol tylwythau hynaf y byd yn dilyn y drefn hon, lle nad oes hyd yn oed air am 'wastraff'; tan yn ddiweddar dyna oedd y drefn yn ein gwledydd ninnau hefyd wrth i bobl drwsio, ail bwrpasu ac ailgylchu pethau nad oeddynt eu heisiau, neu eu rhoi yn aml i'r casglwr sgrap.

Ond nid dyna'r drefn heddiw, ysywaeth, er bod llawer yn dechrau deffro i'r gwastraff wrth i blastig untro a sbwriel lygru ein hamgylchedd a pheryglu bywyd gwyllt. Dyna yn wir oedd sail consyrn y gyn forwrwraig Ellen MacArthur wrth iddi sefydlu'r Gronfa yn ei henw i atal llygredd a defnydd plastig yn arbennig. Un rheswm oedd iddi weld cymaint o blastig a sbwriel wrth deithio'r cefnforoedd. Y rheswm arall oedd bod angen iddi gario popeth ar gyfer ei mordaith ar y gwch, a gweld pa mor bwysig ei dibyniaeth ar yr adnoddau hynny. Gwelodd fod angen i ni gysylltu ein defnydd ni o adnoddau prin ar blaned gyfyngedig. Hyn, a'r llygredd plastig a

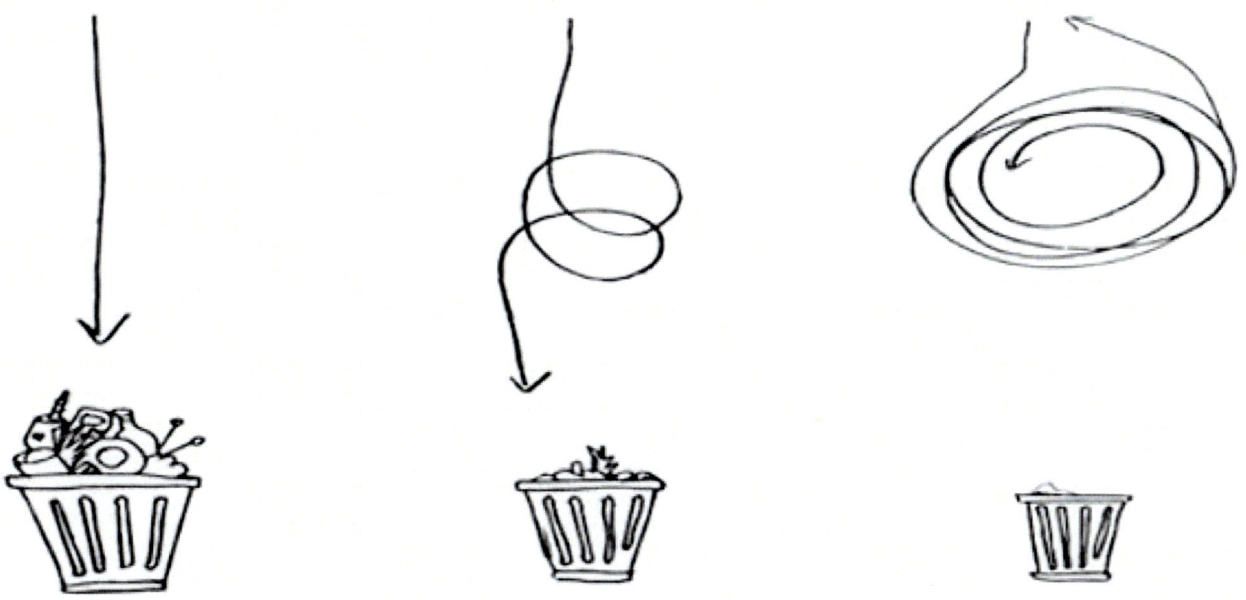

*Yr Economi Gylchol: cynhyrchu llai o wastraff*

welai ymhobman, a barodd iddi ddechrau'r daith tuag at addysgu pobl am bwysigrwydd yr economi gylchol mewn byd un blaned.

Gallaf uniaethu'n llwyr gyda'r gred hon, nid oherwydd mod i'n fordeithwraig o fri, ond oherwydd imi fod yn gysylltiedig efo ymgyrch 'Un Blaned' WWF Cymru ar ddechrau'r mileniwm. Pan oedd pawb yn poeni am ailgylchu, roeddem yn galw am ffordd o fyw fyddai'n osgoi gor bryniant ac yn hybu nwyddau cynaliadwy, hir barhaus, bioraddadwy, lle nad oes gwastraff yn bodoli yn y lle cyntaf.

Gweledigaeth ddelfrydol efallai, ond mae Llywodraeth Cymru erbyn hyn wedi symud tuag at strategaeth sy'n golygu 'mwy nag ailgylchu' ac yn hyrwyddo'r economi gylchol. Mae Llywodraeth Awstralia hefyd yn un o'r rhai cyntaf i gydnabod gor bryniant a'r angen i ddileu gwastraff i sero, a hynny ar gyfandir anferth. Roedd sôn am ddileu gwastraff i sero ymhell cyn lleihau carbon at sero a symud at sero net.

Mewn un ystyr, mae'r cyfnod Cofid wedi pwysleisio'r angen yma i ailddefnyddio ac ailgylchu; amlygwyd ffaeleddau ein cadwyni cyflenwi byd-eang a ddaeth ag elfen o frys at symud tuag at gadwyni bwyd ac offer mwy lleol a chyraeddadwy. Roedd llawer o bobl yn synnu fy mod yn holi am goed a dyfwyd yng Nghymru wrth fanylu pryniant ar gyfer adeiladu ar ddechrau fy nhaith o adnewyddu Ty'n Twll (wrth brynu estyll ar gyfer y to); fyddai neb yn synnu mwy wrth weld costau coed adeiladu yn mynd trwy'r to, yn llythrennol yn ystod ac ar ôl y cyfnod clo.

Mae sawl enghraifft o gynnyrch sy'n gweddu'r economi gylchol – rhai ohonynt yn gyfarwydd ac yn syml iawn. Y botel laeth, llestr mwstard y medrir ei ailddefnyddio fel gwydr yfed, tiniau bwyd i ddal pensiliau, ac yn y blaen.

Does ryfedd felly mai un o'm hoff bethau yw tyrchu am ddeunydd wedi eu taflu allan gan rhywun sydd ar gael yn aml yn y safleoedd ailgylchu, yr iard *salvage* a'r *architectural reclamation*. Ond oedd trwsio ac ailddefnyddio yn fwy cyfarwydd ac amlwg yn yr oes a fu neu ai rhamanteiddio yw hyn? Yr enghraifft fwyaf poblogaidd o ail bwrpasu pethau yw'r nifer o ddyfeisiadau a wneir o hen bethau ar randiroedd – yn dangos dyfeisgarwch ac arloesedd y rhai hynny sy'n trin y pridd. Mae ail bwrpasu anfwriadol yn gyfarwydd iawn i unrhyw arddwr gan fod sawl potyn iogwrt yn gweld golau dydd eto yn meithrin planhigion bychain.

Deunydd adeiladu ydyw y rhain yn aml iawn ac maent yn llefydd gwerthfawr i ffeindio llechi a phob math o ddeunydd a fyddai'n ddrud i'w prynu o'r newydd. Mae hefyd ôl troed trwm iawn gan ddeunyddiau adeiladu, yn enwedig eitemau fel plastrfwrdd, oedd yn amhosib i'w ailgylchu tan yn ddiweddar. Dyma ffordd o gael eitemau'n rhatach ac arbed gwastraff, ar yr un pryd! Fel y dwed yr hen air, sbwriel un yw trysor un arall.

## Yr Economi Gylchol

Cysyniad sy'n mynd i ddod yn fwy a mwy amlwg yw'r economi gylchol – sef system lle mae cynnyrch ac adnoddau yn cael eu cadw a'u hailddefnyddio gymaint â phosib i leihau gwastraff a llygredd, ac i arbed ac adfywio natur.

Mae'n economi bresennol yn seiliedig ar broses un llinell – sef tynnu adnoddau o'r ddaear i wneud cynnyrch ac yna hepgor eitemau drwy eu taflu i ffwrdd fel sbwriel. Y broblem efo'r feddylfryd hon, sy'n cael ei hamlygu cymaint erbyn hyn, yw bod rhaid cael ffynhonnell ddi-ben-draw o adnoddau i gynnal y llif unffordd, yn ogystal â gorfod meddwl am ble i storio gwastraff.

Mae'r economi gylchol yn ceisio atal y llif hwn ac yn argymell efelychu natur, ble mae llif deunyddiau mewn cylchoedd a phopeth yn cael ei ailddefnyddio a'i gylchredeg yn ddiddiwedd.

Mae'r economi gylchol yn fodel o gynhyrchu a defnyddio, sy'n cynnwys rhannu, prydlesu, ailddefnyddio, atgyweirio, adnewyddu ac ailgylchu deunyddiau a chynhyrchion presennol cyhyd ag y bo modd. Yn y modd hwn, mae cylch bywyd cynhyrchion yn cael ei ymestyn. Yn ymarferol, mae'n awgrymu lleihau gwastraff i'r lleiaf posib a chymryd agwedd 'o'r crud i'r bedd' at gynnyrch.

Mae'n seiliedig ar dair egwyddor, sy'n cael eu gyrru gan well dylunio wrth greu cynnyrch:

- dileu gwastraff a llygredd
- cylchredeg cynhyrchion a deunyddiau (ar eu gwerth uchaf)
- adfywio natur

Nid yw'n syniad newydd o bell ffordd. Yn ôl yn y 1950au roedd R. Buckminster Fuller yn sôn am 'Spaceship Earth' ac yn crynhoi syniadau am well defnydd o adnoddau drwy gynllunio gofalus, gyda'r amgylchedd yn ystyriaeth bwysig. Dyna'r her i'r dyfodol; dylunio cynnyrch gyda'r prif nod o gyd-fynd gydag egwyddorion yr economi gylchol.

*Mae'r geiriau'n cyfleu'r cyfan.*

## PENNOD 6
• TEULU FFWR A PHLU •

Un o'r rhesymau pennaf dros fyw ar dyddyn diarffordd yw'r cyfle i feithrin ychydig o dir a chynnig cynefin i fywyd gwyllt. Wyddoch chi mai Cymru a'r DU yw'r gwledydd mwyaf diffygiol o ran natur yn y byd? Doedd dim cymaint o ymwybyddiaeth gan y cyhoedd ar stad ein bywyd gwyllt pan gychwynnais y daith yma; ond roedd tueddiadau amlwg yn dangos bod rhywogaethau yn diflannu dan ddatblygiadau, hyd yn oed yng nghefn gwlad Cymru. Ymdrech i gyfrannu'n bositif i leihau'r diflaniad yma oedd fy nod wrth blannu gwrych o amgylch yr ardd. Drwy blannu gwrych, byddai'n cynnig lloches i bob math o drychfilod, a'r adar ac anifeiliaid sy'n dibynnu arnynt. Byddai hefyd nid yn unig yn fwyd i adar ac anifeiliaid ond yn diffinio terfyn y tir rhyngof â'm cymdogion ar bob ochr.

Gyda grant bychan oddi wrth Adran Amaeth a Chadwraeth Parc Cenedlaethol Eryri, bûm ar gwrs plygu gwrych, ar gytundeb y byddwn wedyn yn derbyn planhigion addas ar gyfer plannu gwrych i ddenu bywyd gwyllt. Y dasg gyntaf oedd codi ffens ddwbl i atal defaid rhag pori a difa'r planhigion; yn dilyn hynny derbyniais swp o goed ifanc: coed cyll, y ddraenen wen a'r ddraenen ddu, ysgawen ac afal – amrywiaeth o rywogaethau cynhenid fyddai'n cynnal bywyd gwyllt yn fy ardal. Gan fod cwningod yn bresennol yn y cyffiniau, roedd rhaid amddiffyn pob planhigyn gyda llawes blastig, nes eu bod yn ddigon o faint i oroesi. Erbyn hyn, mae'r tyfiant yn profi bod y gwrych yn llwyddiant. Yn anffodus, mae tyfiant o fath arall yn rhemp yn yr ardd hefyd.

*Plannu'r gwrych*

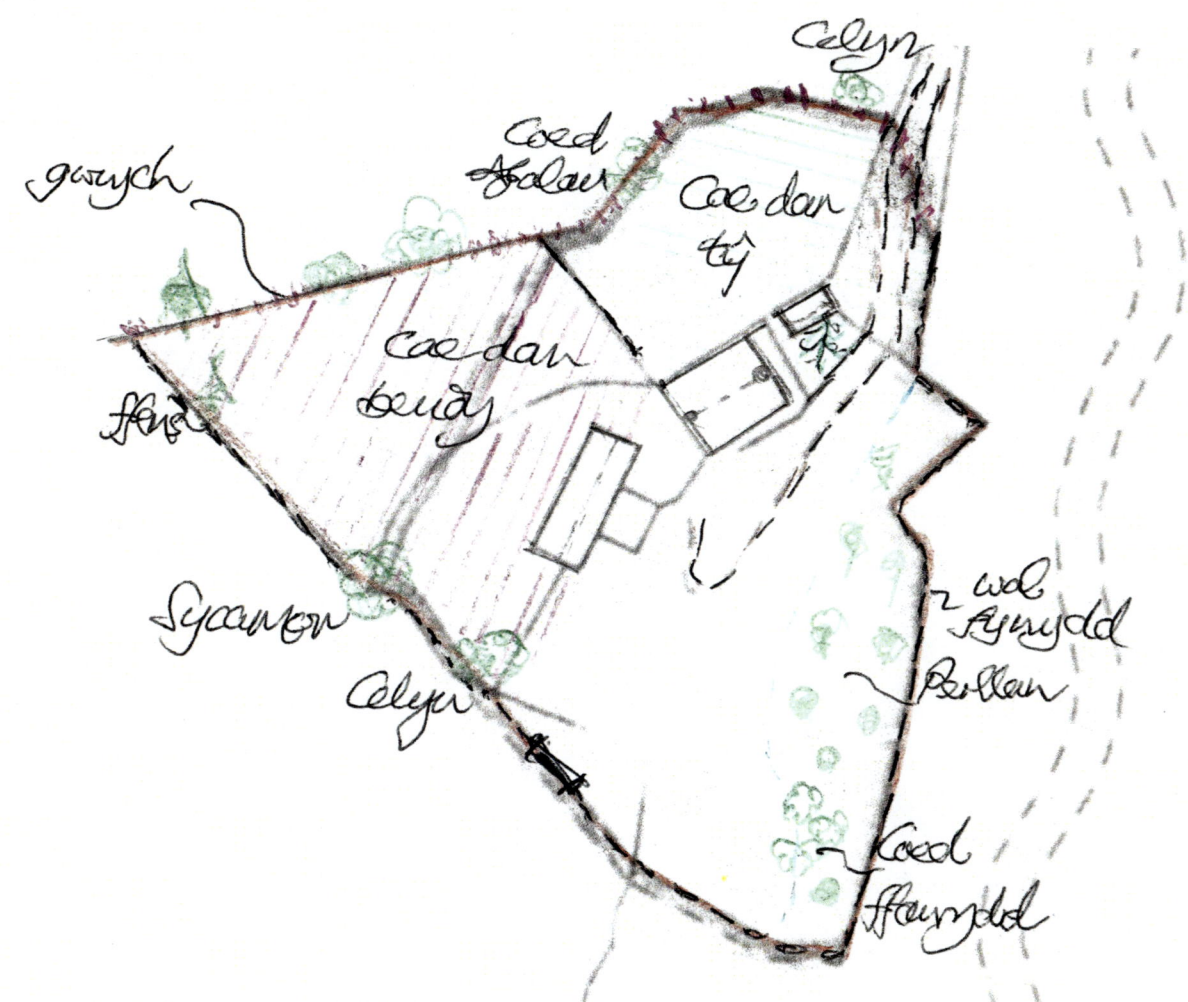

## Natur yn y Fantol

Mae adroddiad Cyflwr Byd Natur 2023 yn rhoi gwybodaeth ddiweddaraf ar sut mae byd natur yn ymdopi yng Nghymru. Dyma'r ffeithiau syfrdanol ac ysgytwol:

- Mae 18% o'r rhywogaethau sydd wedi eu hasesu dan fygythiad o ddifodiant yng Nghymru.
- Gostyngiad o 20% ar gyfartaledd o amlder rhywogaethau ers 1994.
- Dosbarthiad 42% o blanhigion blodeuol a 44% o fwsoglau a llysiau'r afu wedi gostwng ledled Cymru ers 1970.
- Gostyngodd dosbarthiad 33 % o rywogaethau di-asgwrn-cefn.
- Asesiad yn 2021 yn dangos bod 91% o stoc afonydd Cymru 'mewn perygl' a 9% 'mewn perygl yn ôl pob tebyg'.

Ar wahân i'r ffeithiau moel ac anghyfforddus yma mae cynefinoedd arbennig wedi prinhau, yn enwedig rhai yn yr ucheldir fel corsydd a rhostir. Mae'r rhain yn bwysig nid yn unig oherwydd y bywyd gwyllt a'r noddfa maent yn eu cynnig i bobl a natur, ond mae corsydd yn hynod bwysig fel storfa garbon, mwy felly na choedwigoedd.

Mae rhai rhywogaethau yn dioddef yn fwy nac eraill: er enghraifft anifeiliaid ac adar y nos. Wyddoch chi bod dros 60% o fywyd gwyllt yn dibynnu ar awyr dywyll i ffynnu? Mae rhain yn cynnwys adar y nos megis y dylluan ac adar nos eraill, ystlumod a phryfed, yn enwedig gwyfynod, sydd wedi dioddef gostyngiad o 43% yn y cyfnod asesu. Maent yn defnyddio'r haul, y lleuad a'r sêr i ffeindio eu ffordd o gwmpas a gall golau artiffisial eu drysu ac amharu ar eu gallu i ddarganfod bwyd ac ar eu patrymau ymfudo. Felly mae'n bwysig iawn osgoi llygredd golau yn yr ardaloedd bregus hyn. Wrth i un byd gysgu, mae un arall yn deffro.

Gellir lawrlwytho *Canllaw Goleu Da* ar y wefan yma:

Mae gennym lawer o waith i'w wneud i geisio adfer cynefinoedd a hybu bywyd gwyllt: dangosodd y cyfnod clo pa mor bwysig ydi'r ardaloedd hyn i bobl fedru ymlacio yn feddyliol a chorfforol ynddynt.

*Y twlc mochyn a'r buarth a'r goeden ffynidwydd*

Brwydr barhaol ydi difa'r rhedyn o gwmpas y tyddyn – brwydr dwi'n ei phrysur golli ar hyn o bryd wrth i'r tywydd gwlyb hybu'r tyfiant a'i nerthu bob blwyddyn. Mae'n ymestyn yn uwch na fy ysgwyddau ar anterth ei dyfiant. Er ymdrechion y strimer (sydd ond yn hybu mwy o dyfiant yn y pen draw), mae'r planhigyn yn tyrchu drwodd hyd yn oed drwy'r haenau tewaf o'r deunydd tomwellt (*mulch*), sef carpedi trwm i atal y golau rhag cyrraedd ato. Mae'r trwch hwn o ddeunydd organig fel cardfwrdd, carped, papur newydd neu fonion pren yn cadw lleithder i mewn yn y pridd ac yn gwanhau'r tyfiant o chwyn yn y pridd. Dyna'r theori, ond mae'r rhedyn mor gryf a gwydn gall dyfu drwy'r haenau mwyaf trwchus.

Un rheswm dros ei ledaeniad ydi'r ffaith nad ydyw bellach yn cael ei reoli a'i drin fel gwely ar gyfer anifeiliaid, fel ag yn y gorffennol. Yn ôl yr hen air, dylid torri rhedyn deirgwaith y flwyddyn ar adegau penodol, a hynny am gyfnod o saith mlynedd yn olynol, i ddifa'r planhigyn yn llwyr. Mantais i'r cenedlaethau a fu oedd bod yna ddigon o lafur parod i gyflawni'r gwaith a pharodrwydd i'w reoli fel adnodd amaethyddol. Byddai rhedyn yn cael ei drin fel unrhyw gnwd arall a'i gynaeafu: pladuro, cribinio, sychu, a'i gadw'n sych drwy ei storio dan do fel gwely i anifeiliaid.

Erbyn heddiw, y gred yw nad yw'n ddefnydd saff ar gyfer gwasarn oherwydd tueddiad rhai anifeiliaid i fwyta eu gwely, a'r ffaith fod yna elfennau gwenwynig mewn rhannau o'r rhedyn. Er hynny, gwelir geifr a moch yn pori arno heb unrhyw sgileffeithiau amlwg. Mae hefyd yn cael ei ledaenu drwy'r awyr ar aden y gwynt pan ddaw'r hadau yn mis Awst, felly mae'n un o'r planhigion mwyaf nerthol o ran ffyniant.

Aur dan y rhedyn
Arian tan yr eithin
Newyn dan y grug.

Erbyn heddiw, mae peiriannau mawr wedi eu dyfeisio i geisio ei ladd ar raddfa eang ar y mynydd-dir lle mae'n rhwystro pob tyfiant arall, ac ambell i syniad go ddyfeisgar o ffurfio compost gyda gwlân a rhedyn yn ogystal â ffurfio brics tanwydd wedi eu gwneud ohono.

Peryg arall sy'n cuddio ymhlith coesau'r rhedyn yw'r drogod plagus sy'n byw arno. Piti na fyddai rhywun yn ffeindio ffordd o wared o'r creaduriaid bychain sugno gwaed sy'n byw ymhlith y rhedyn ac yn neidio ar unrhyw greadur sy'n pasio heibio – gan gynnwys pobl! Mae'n brofiad digon annifyr eu tynnu oddi ar yr anifeiliaid, heb sôn am eu plicio o'm corff fy hun. Yn y cyfnod clo, pan oedd ymweliad â'r meddyg yn amhosib, bu hyn yn achos digon amhleserus wrth imi geisio gwahanu un o groen fy ngwddw. Oes, mae yna fanteision a phleserau amlwg o fyw yn y wlad, ond ambell beth llai deniadol hefyd!

Ar waetha'r rhedyn, mae yna goed a llwyni defnyddiol yn yr ardd, rhai wedi eu plannu flynyddoedd yn ôl, mae'n siŵr. Mae'r goeden fawr sycamor ar y ffin rhwng Ty'n Twll a Bryn Hynod yn sicr o fod wedi ei phlannu ar gyfer cysgodi'r tyddyn, ac efallai mai safle'r beudy presennol yw safle'r hen dŷ. Mae presenoldeb pedair llwyn pren bocs yn arwydd fod annedd gerllaw, gan eu bod yn cael eu plannu o boptu drws ffrynt y cartref yn aml

*Y sycamorwydden sydd ar ffin orllewinol y tyddyn*

iawn, ac mae'r hen enw ar y lle, 'Tyddyn y Celyn Gwynion,' yn brawf o bwysigrwydd y gelynnen dros y canrifoedd. Un goeden sydd ar ôl wrth yr ardd heddiw. Mae'r aeron yn bantri pwysig i'r adar yn y gaeaf: maent yn goresgyn tywydd oer heb fynd yn ddrwg na disgyn i'r llawr. Arferid porthi'r dail i ddefaid a gwartheg yn y gaeaf.

Y coed tal ar y cyrion oedd y rhai ymhlith y talaf yn Nhy'n Twll: dwy goeden bin ac un cypres – ond daethant i lawr yn eu tro gyda'r gwyntoedd yn y gaeafau rhwng 2014 a 2015. Mae'r goeden ffynidwydd smart yn dal ei thir yn y buarth, ar waetha'r gwyntoedd cryfion. Mae'n bosib bod rhai o'r coed talaf wedi eu plannu i ddangos i'r porthmyn fyddai'n teithio heibio fod yna groeso iddynt yn Nhy'n Twll.

Mae yma lwyn ddiddorol efo blodau fel peli eira neu 'pom pom' *Viburnum opulus roseum* sy'n denu sylw ac yn amlwg wedi ei blannu yn y blynyddoedd diwethaf, ac mae'r *Rhododendron ponticum* plagus a'r byrwydden Sitca yn dal gafael yma; bydd rhaid torri'r rhain rhyw ddydd, yn enwedig gan fod y llwyn rhododendron yn wenwynig i anifeiliaid sy'n pori, fel y geifr.

Un o'r anifeiliaid gwyllt cyntaf a welais oedd carlwm yn carlamu yn y gwyll ar ôl cwningen oedd yn rhedeg drwy'r rhedyn; dro arall, tra'n gorwedd yn llonydd yn y gwair rhyw noson braf o haf, sylwais ar flewyn coch cadno ifanc nid nepell oddi wrthyf. Oherwydd cyfeiriad y gwynt a'r tyfiant uchel, ni sylwodd arnaf ac roedd yn brofiad braf bod yn ei gwmni am sawl munud. Dro arall, clywais genau ifanc yn dilyn gast dros ben y wal gerrig ac eistedd yno yn syllu arnaf, cyn diflannu i'r gwyll ar ôl ei fam. Profiad go arbennig, gan eu bod yn cael eu hela yn gyson yn yr ardal.

Oherwydd fy mod yn byw yn y Parc Cenedlaethol, mae'r hanfodion yn cynnwys gofalu am unrhyw ystlumod a geir yn yr adeiladau. Darganfuwyd rhywogaeth y *Myotis*, neu'r ystlum farfog, yn yr ardal o gwmpas y tyddyn. Y bwriad yw codi adeilad pwrpasol ar gyfer yr anifail prin a rhestredig hwn, cyn adfer y beudy yn ei dro; a gosod blychau ar gyfer gwenoliaid y bondo, aderyn arall sy'n prinhau oherwydd diflaniad hen adeiladau fferm; a'u gosod yn ddigon uchel o gyrraedd unrhyw gath.

Mae hwtian y dylluan frech i'w chlywed yn ystod misoedd y gwanwyn ond nid oes tylluan wen wedi mentro dros y caeau o'm cwmpas. Mae lloches iddynt mewn hen stabl yn uwch i fyny'r mynydd a lle i godi teulu heb neb i amharu ar eu llonyddwch. Roeddwn yn arfer gweld ambell un yn hedfan uwchben Cae Mawr wrth ymyl y llyn yn chwilio am swper ymhlith y caeau o boptu'r llwybr yno. Trist yw cofnodi colli'r coed hyn yn ystod y 'gwelliannau' i atal llifogydd gan Gyfoeth Naturiol Cymru, er bod plannu llawer o goed ifainc wedi digwydd erbyn hyn. Amser a ddengys a ddaw'r bywyd gwyllt, a'r dylluan wen, yn ôl i'r ardal ar ei newydd wedd, gan mai porfa wair mae'r aderyn yma'n hoff ohono.

Ers imi symud i fyw i Dy'n Twll yn barhaol yn mis Mai 2018 mae'r cyfle wedi dod imi sylwi ar nifer yr adar sy'n ymweld yn rheolaidd. Er colli ambell un mwy swil na'i gilydd, y gnocell werdd, neu'r gaseg wanwyn, er enghraifft, mae eraill i'w gweld yn ffynnu a gwelir a chlywir y gog ar ddechrau'r gwanwyn bob blwyddyn, yn hedfan o ben un goeden i'r llall. Er hynny, ceir llai o wenoliaid nag yn y blynyddoedd blaenorol: colled y mae eraill wedi sylwi arni hefyd. Mae'n debyg mai'r tywydd gwlyb ac anwadal sy'n gyfrifol am leihau'r bwyd sydd ar gael iddynt, yn ogystal â stormydd cyfandirol yn atal neu'n oedi'r siwrne faith o Affrica.

*Cyw bach yn cuddio o dan ffenest y gegin*

Mae'r cwningod wedi diflannu o ymyl y tŷ; ar ôl cyfnod o fwyta planhigion ifanc y gwrych, mae'n debyg iddynt gael digon ar y sŵn peiriannau ac ati a diflannu i le tawelach, gan adael i blanhigion y gwrych ffynnu. Daw ambell i wiwer heibio, ond mae'r gath yn cadw'r trwch o anifeiliaid i lawr, diolch byth.

Mae cadw gwenyn i hybu peillio wedi dod yn arferiad pwysig wrth inni ddeall arwyddocâd eu gwaith, a gyda grant bychan arall gan y Parc Cenedlaethol, deuthum yn berchen ar gwch gwenyn yn 2016. Gwaith tymhorol yw gofalu am wenyn, a gall y niferoedd yn y gwch gynyddu'n raddol a chryf. Mae gofyn paratoi fframiau ar gyfer y crwybr, ac yn ei dro daw amser codi cwch arall. Dyna pam na welwch chi gwch ar ben ei hun, yn aml iawn ceir dwy neu dair neu fwy. Yn anffodus, er bod y gwenyn yn hoffi eu lle, ni lwyddais i gynaeafu mêl. Ar ôl iddynt heidio ac i'r gwynt chwalu'r cychod, mi gollais fy hyder yn y fenter yn llwyr. Y wers imi yma yw bod angen mentor profiadol i gadw golwg ar y gwenyn, i helpu rhywun fel fi i nabod y gwahanol arwyddion o fwriad yn y gwch ac addasu'r gwaith fel bo angen. Rhyw ddiwrnod, efallai y caf wenyn eto, ond nid nes y bydd y ffordd yn fwy hwylus i wenynwyr allu dod i fy helpu a minnau efo amser i ddysgu'r broses yn gywir. Does dim prinder o wenynwyr profiadol a llwyddiannus yn yr ardal ac mae blasu mêl amrywiol y gwahanol wenyn yn un o bleserau bob haf.

Er mor hoff oeddwn o'r anifeiliaid gwyllt o'm cwmpas, buan iawn y daeth rhai dof yn gwmni imi. Dros amser, deuthum yn berchen ar chwe anifail – dwy gath, dwy iâr a dwy afr – pob un â'i swyddogaeth ei hun ar y tyddyn. Y gath gyrhaeddodd i ddechrau, yn dilyn ymweliad gan deulu o greaduriaid bychain pedair troed oedd wedi ymgartrefu yn y tŷ pan oedd yn wag. Unwaith imi symud i mewn, roedd y rhyfel arferol ymlaen rhyngddyn nhw a minnau am y bwyd. Mater o raid oedd cael cath i'w difa gan eu bod yn gallu ennill mynediad i bob twll a chornel mewn hen dŷ. Er imi gau pob twll yn y wal a'r to gorau medrwn, oherwydd nad yw'r drysau terfynol wedi eu gosod, hawdd iawn yw i greadur bychan wasgu ei ffordd o dan y drws!

Mae'r gath wedi dod yn dipyn o heliwr, a bob math o gyrff celain wedi landio ar lawr y gegin: llygod (rhai bach yn unig, diolch i'r drefn), gwiwerod, cwningod, ac ar un adeg, wenci fach druan. Dwi'n falch mai nid gwiwer fyw ddaeth i fewn i'r gegin neu mi fyddai llanast go iawn! Daw â adar bach i mewn weithiau hefyd, sy'n torri fy nghalon, ond dwi wedi gallu achub ambell un o'i ffawd yn safn y gath, diolch byth.

Mae Pwdw yn gath anarferol o fawr ac yn hoff iawn o sylw gan ymwelwyr i'r tŷ, boed yn deulu neu weithiwyr, ac un o'i gastiau yw dringo i mewn i'r cerbyd ac aros am lifft i gartref arall. Ond un tro yn ystod y cyfnod Cofid, cerddodd dau ddieithryn i fyny'r llwybr yn ddiarwybod i mi, a dyna lle roedd y gath yn chwyrnu arnynt fel ci! Ffodd y ddau yn ôl i lawr y ffordd. Weles i 'rioed mohono yn gwneud hynny, cynt nag wedyn: cath sy'n meddwl mai ci ydi o, mae'n amlwg, ac yn ffyrnig wrth amddiffyn ei diriogaeth.

Wrth imi ymgartrefu dewisais dair iâr goch imi gael wyau ffres i frecwast: Buddug y bwli, Beti a Begw. Weles i erioed iâr mor ymosodol â Buddug – byddai'n llyncu llygoden i lawr mewn un llwnc gan brofi imi ei thras Tyrannosaurus Rexaidd. Bu i Beti druan ddioddef o'r parlys a rhaid oedd ffarwelio â hi, a bu Begw yn ddigon anffodus i ddilyn Buddug a dianc o'r cut rhyw noson. I ble, wn i ddim, ond mae'n siŵr fod y cadno coch yn gwybod. Ta waeth, dyna ddiwedd y dair iâr goch.

Wedi colli'r triawd cyntaf, es i nôl dwy iâr ddof o Landderfel, a'u henwi'n Poli a Pegi. Roedd Pegi yn pigo'r llall, felly ataf fi y deuai Poli i osgoi pigiadau, a daeth hi a minnau'n bennaf ffrindiau. Byddai'n eistedd wrth fy ochr ar y fainc yn yr haul yn aml iawn,

*Pwdw y teigar ffyrnig*

*Poli a Pegi yn mwynhau'r haul*

yn torheulo neu'n pendwmpian cysgu. Felly o'r iâr ffyrnicaf un, i iâr fach ddof a ffeind, dwi wedi profi gwahanol gymeriadau ein ffrindiau pluog hefyd.

Y ddwy afr sydd wedi newid y dynamig fwyaf acw – unwaith iddynt gynefino ac arfer bod o'm cwmpas. Y bwriad oedd iddynt aros yn y cae o dan y cut, ond ofer unrhyw ymgais i'w cadw i mewn. Tric cyntaf Hilda, y fwyaf o ran maint ond y lleia hyderus, oedd cloi ei phen mewn ffens. Gan fod cyrn gan y ddwy, nid job hawdd oedd ei thynnu allan! Ymhen amser, daeth i ddeall mai gwell oedd peidio pori'r ochr draw i'r ffens, pa bynnag mor flasus fo'r blewyn glas yr ochr draw. Enwyd y geifr er cof am ddwy gymeriad hoffus o ardal y Bala: Harriet Roberts, cyn-berchennog Ty'n Twll, a Hilda Roberts, Cynythog Bella. Dwy ledi gref ac annibynnol iawn, llawn personoliaeth, a dyma ddwy afr hoffus i dalu teyrnged iddynt.

Harriet yw'r cymeriad mwyaf hy, heb os: mae hon yn pwnio drws ffrynt y tŷ nes ei fod yn agor ac yn camu mewn i fusnesa, os caiff lonydd! Does ryfedd ei bod yn arferiad gosod drws 'rhag-ddor' yn yr hen ffermdai ers talwm, i gadw'r anifeiliaid allan o'r cartref. Mae'r ddwy chwaer yn epil croes Saanen a Toggenburg, un gyda streipen ddu a'r llall gyda streipen frown ar yr wyneb, ac i lawr y cefn. Cadw'r gwair a'r mieri i lawr ydi eu swyddogaeth hwy, ond mae'n well ganddynt fwyta'r coed rhosod ac afalau! Ac yma eto, mae'r drefn naturiol yn dod i rym: y geifr yw'r cryfaf, yna'r ieir ac yna'r gath. Mae pigiad iâr ar drwyn yn rhywbeth na fydd yr un gath yn anghofio!

Mi allwn odro'r geifr a gwneud caws pe mynnwn, ond ar hyn o bryd, gan nad wyf eto wedi ymddeol, dwi'n eu cadw fel anifeiliaid anwes. Mae Harriet eisoes wedi dangos y byddai'n un dda am

*Hilda a Harriet yn ymgartrefu yn yr ardd*

roi llaeth, a'i phwrs wedi llenwi'n ddisymwth un tro, heb iddi gymaint â gweld nac arogli bwch gafr! Maent yn hoff o fy nilyn pan af am dro, gan beri i rai o'm cymdogion feddwl bod colled arnaf. Merched fyddai'n gofalu am y fuches odro cyn dyddiau'r parlwr godro; ystyrid eu bod yn dawelach a mwy addfwyn o gwmpas y da ac felly byddai'r buchod yn cynhyrchu llaeth yn well. Felly, dim ond dilyn traddodiad ydw i wedi'r cyfan a falle y byddwch yn fy nghlywed yn galw'r geifr yn ôl ataf yr un fath â'r cantorion *kulning* o Sweden rhyw ddydd – o ben Bryniau Golau!

Y dyfodiad olaf i'r nyth ydi Patch – cath fferm ddaeth yma heb ei ddofi, ond yn hollol gyfrwys! Hen beth bach ddu â sanau a choler wen a mwstás cam – y pertaf erioed ond hefyd yn hollol wyllt. Am ddyddiau yn trio ei gael o'i guddfan o dan y sinc, ac wedyn y tu ôl i'r stof. Yn y man, daeth yntau i arfer efo'i fam a'i deulu newydd – ond gwae i neb arall ddod ar draws y dedwyddwch hwn! Un diwrnod ar ôl imi ddychwelyd o'm gwyliau, diflannodd a ddaeth o ddim yn ei ôl. Doedd o ddim yn hoff o'r anifeiliaid eraill na phobl ddiarth, a tybed os mai dewis y bywyd gwyllt a wnaeth. Ta waeth am hynny, mae nifer o adar bach a fyddai wedi eu difa yn y gorffennol yn awr yn cael llonydd.

Oes, mae bwrlwm ar y tyddyn, yn enwedig yn yr haf. Efallai fy mod ar ben fy hun, ond dwi byth yn unig.

*Y rhosyn pinc persawr hyfryd o amgylch y drws*

*Patch y gath wyllt ond cyfrwys*

Trosodd:
*Mam a fy chwaer Margaret yn mwynhau'r ardd*

# PENNOD 7
• BYW AR OLEDDF •

*Mam ar y llwybr lawr i'r tŷ*

Amhosib fyddai cyflawni tasg mor fawr ag adfer hen dŷ heb ddod ar draws anawsterau o ryw fath. Cefais sawl tro trwstan o gwmpas y gwaith adeiladu, a digwyddiadau anffodus a thrist yn gyffredinol, gan gynnwys colli anifeiliaid – ci, cath, gwenyn a thair iâr. O'r rhestr hir, salwch fy mam a barodd fwya o ofid imi, gan ei bod wedi golygu newid byd iddi hi a minnau. Teyrnged iddi hi a'i dycnwch yw'r ffaith fy mod wedi gallu parhau efo'r gwaith ar y tŷ o gwbl.

Mae fy nyled yn drom i'r gweithwyr fu wrthi'n fy helpu hefyd: un yn arbennig. Drwy ei gymorth parod a'i straeon difyr bu Gwynfryn Williams yn gefn mawr imi yn y dyddiau cynnar pan oedd angen tocio coed, tynnu'r haenau o'r waliau a'r nenfwd yn y tŷ a chlirio sbwriel, heb sôn am ei allu i adfer y cyflenwad dŵr a'i wybodaeth am ble i ffeindio trysorau fel llechi a thrawstiau pren yn lleol; dyn ei filltir sgwâr a stôr o hanesion am draddodiadau cefn gwlad, bob amser yn barod ei gymwynas.

Bu imi golli ambell weithiwr oherwydd iddynt droi cefn ar y safle, ond gydag amser dois i ddeall bod rhai tasgau yn gorfod mynd i ddwylo contractwyr: y rhai sy'n meddu ar beiriannau fel JCB a rhai sy'n fedrus wrth eu trin.

Ymddangosodd un dasg hynod annisgwyl wrth baratoi'r llawr yn y tŷ, wrth i ni ddod ar draws dŵr yn dod i mewn o'r graig yn y cefn. Daeth popeth i stop nes cynnal archwiliad trylwyr gan arbenigwyr, gan gynnwys cynrychiolydd o'r Uned Rheoliadau Adeiladu: y farn oedd bod angen tyllu tu ôl i'r adeilad yn y cefn, gosod pibelli i ddraenio'r dŵr oddi yno a chodi wal gynnal ar ochr y ffordd yn y

Gwynfryn wrth ei waith

Fi a'r meibion, Tegid a Garmon, yn barod am waith

Rhai o'r criw fu acw: Charles Rowlands, plymar, ar y chwith efo ei nai Osian ar y dde eithaf; y diweddar Elfed Evans, a Llion Humphreys, trydanwyr; y diweddar Goronwy Richards, saer.

cefn. Dyna'r cyllid a gadwais wrth gefn, rhag ofn problem annisgwyl, wedi ei wario dros nos, bron!

Dengys y lluniau y broses hirfaith o dyllu mewn i'r graig, gosod y pibelli draenio, gosod sylfaen i'r wal a chodi'r wal – gan ddilyn strwythur arbenigwr peirianyddol. Gan bod y ffordd yn pasio heibio cefn y tŷ roedd rhaid sicrhau bod y wal yn mynd i aros yn ei lle, er ei bod ar graig safadwy. Beth sydd ddim mor amlwg o'r lluniau yw'r ffaith fod lefel uchaf y ddaear tu allan i'r waliau allanol yn gorfod bod yn is na lefel y llawr tu mewn i'r tŷ, rhag i leithder dreiddio drwodd. Gwaith tyllu i lawr go arw, ar graig!

*Tyllu'r cefn yn barod i'r wal gynnal*

Y wal gynnal tu ôl i'r tŷ

Pibelli'r draen o gwmpas y tŷ

Wal wrth ochr y tŷ

Roedd yn orchwyl gostus a ffwdanus a chodwyd y wal mewn tywydd gwlyb ac oer, ond mae hi yna rŵan a'r dŵr a fyddai wedi cronni yn y tŷ yn cael ei arwain i ffwrdd mewn pibelli tuag at y pwll yn yr ardd. Y piti mwyaf ydi nad oes neb yn mynd i sylwi ar y wal a dweud 'O! Dyna wal neis!'– ond tasg angenrheidiol oedd hi, er hynny.

Mae'r ffordd hefyd yn parhau i fod yn fwy addas i drol a cheffyl na cherbyd, hyd yn oed un addas at lwybrau o'r fath. Cafodd ei thacluso beth amser yn ôl, ond oherwydd bod dŵr o nant yn croesi drosti ac yn cyflenwi cymydog, mae'n gofyn cael datrysiad hir dymor a fydd yn caniatáu i'r berthynas rhyngom barhau yn ddilychwin. Yn y cyfamser, mae erydiad y llif yn gwaethygu bob blwyddyn.

*Y ffordd fynediad adeg y llifogydd gaeaf 2023*

O ran costau, mae'n sicr bod y gost ychwanegol o osod deunyddiau 'gwyrdd' wedi ychwanegu traean, os nad mwy, at y gost arferol o brynu nwyddau adeiladu. Pe taswn i wedi manteisio ar raglen ECO4 y Llywodraeth, sy'n rhedeg o Ebrill 2022 hyd Hydref 2026, ac yn cynnig gosod systemau gwres canolog yn rhad ac am ddim i'r rhai sydd heb ddim system wresogi o gwbl, byddwn wedi arbed rhwng £20,000 a £25,000, yn dibynnu ar y math o system. Ond ni fyddwn wedi gallu gosod deunyddiau 'naturiol' i ynysu'r adeilad yn ôl y drefn hon, heb gyfaddawdu fy egwyddorion gwyrdd. Does yna ddim ateb syml wrth ddilyn fy ngreddf, a dim un ffordd sy'n well na'r llall. Bod yn driw i'm daliadau sy'n bwysig: hynny ac iechyd, teulu a ffrindiau.

O ran y pleserau o fyw yn y wlad, mae'r rheini yn parhau, a dwi'n dal i ddarganfod pethau newydd i'm synnu: harddwch yr olygfa dros Llyn Tegid draw at yr Arennig; sŵn swish aden y gigfran yn hedfan uwchben; y dryw eurben bach sy'n mentro dod allan o'i guddfan yn y llwyn pren bocs.

*Yr Arennig Fawr yn ei holl ogoniant dan ei mantell o eira*

Er nad oes gennyf unrhyw fath o ardd, yn enwedig wedi dyfodiad y geifr, mi fûm yn tyfu tatws adeg y clo oedd yn ddigon am sawl pryd i mi fy hun. Bu'n gyfle i ailafael yn y dasg o sortio allan y twr o lyfrau ddaeth i'm meddiant o'r hen gartref ar ôl ei werthu: mae ambell berl yn eu plith. Mae gormodedd o lyfrau gen i a gymerai oes i'w darllen. Mae term o Siapan *tsundoku* yn disgrifio'r cyflwr hwn am lyfrau di-ri'n aros i gael eu darllen. Un o'm hoff gyfrolau ydi *Y Llysieu-Lyfr Teuluaidd* gan R. Price a E. Griffiths Abertawy 1849, cyfrol wedi bod yn teulu fy mam ers 1873. Y frawddeg agoriadol yw: 'Gellir dywedyd fod dyn yn iach pan y byddo pob hylif a berthyn i'r corff yn cadw ei fesur a'i amser.' Ynddo mae trysorau o enwau Cymraeg ar bob math o blanhigion; er enghraifft, wyddoch chi mai 'brwyscedlys' yw'r gair am coriander? Ac nid yn unig yr enwau cyfoethog sy'n denu, ond y cyfarwyddyd a geir ynddo at bob anhwylder, sy'n nodweddiadol o gyfrolau cyffelyb o ran testun ac amser.

Mae'r gyfrol yn fy atgoffa nad rhywbeth newydd ydi'r chwiw ddiweddara o fforio (*foraging*) chwaith: dwi'n berchen ar ddwy gyfrol Richard Mabey, awdur y *Flora Britannica*, o'r enw *Food for Free* a *Plants with a Purpose*, sydd yn cyflwyno hanes ein defnydd o blanhigion dros y canrifoedd. Mae cyfrol hardd Roger Phillips *Wild Food* yn fy meddiant hefyd, sy'n llawn ffotograffau o fwydydd gwyllt wedi eu cyflwyno'n theatrig o flaen yr ardaloedd gwyllt ble'i cafwyd. Mae'r cyfrolau yma'n parhau i gael defnydd cyson gennyf, yn enwedig yn yr hydref pan mae angen trio rhywbeth newydd gyda'r afalau o'r ardd, neu'r mwyar duon a'r eirin ysgaw ar y llwyni.

Bu'r cyfnod clo yn gyfle i drio ambell rysáit newydd: cawl danadl poethion llachar wyrdd, jam a saws eirin duon, yn ogystal â'r rhai cyfarwydd fel y ffisig eirin ysgaw sy'n berffaith ar gyfer atal annwyd bob blwyddyn.

Daeth rhai o'r coed ffrwythau a blannais yn y berllan â ffrwyth. Ymhlith y coed cynhenid hyn mae Afal Enlli, Eirinen Ddu Abergwyngregyn ac eirinen Dinbych, a gellygen Brenhines yr Wyddfa.

Mae defod i bob blwyddyn drwy'r tymhorau, ac uchafbwynt y flwyddyn o bosib yw Sioe Ardd a Thyddyn Llangywer, sydd wedi ailddechrau ar ôl y cyfnod clo. Er nad wyf wedi mentro cystadlu cyn belled, mae'r arlwy o flodau, llysiau ac anifeiliaid, yn ogystal â'r cneifio efo gwelleifiau yn denu'r gymuned gyfan i'r pentref, ac yn gyfle i ddal i fyny efo hwn a'r llall. Cefais y pleser o drosglwyddo coeden afal go arbennig un flwyddyn fel Trysorydd y Sioe, yn rhodd am y marciau uchaf: coeden a ddaeth yn wreiddiol o Gwm y Glyn, ardal y pentref. Y pethau bychain sy'n plesio erbyn hyn.

*Cynnyrch y Cofid*

Plannu'r berllan tu ôl i'r tŷ

Y diweddar Ifan 'y fet' Davies yn beirniadu ci yn Sioe Llangywer 2013

Brwydr y cneifio gyda gwelleifiau – pinacl y Sioe bob blwyddyn

# DIOLCHIADAU

Mae fy niolch yn ddyledus i'r holl bobl sydd wedi fy nghefnogi ar hyd y daith hir wrth imi adfer Ty'n Twll: teulu, ffrindiau, cymdogion a phobl y Bala sydd wedi helpu drwy gyfrannu amser ac ymdrech; hefyd y llu ohonoch sydd wedi dangos diddordeb yn yr orchwyl hon. Y cwestiwn dwi wedi ei glywed amlaf ydi 'Sut mae'r tŷ yn dod yn ei flaen?' Amhosib fyddai rhestru pob un ohonoch ond mi wyddoch pwy ydych.

Diolch i Liz Saville Roberts am y rhagair gwerthfawr a darodd yr hoelen ar ei phen wrth osod y cyd-destun i'r broses o adfer y tyddyn.

I Penri Jones am yr erthygl ddiddorol ar Eithinfynydd yn 'Fferm a Thyddyn' a'i waith ar hanes Stad Glan-llyn, Awel Jones am y llun o Dafydd a Harriet Roberts, a Maredudd ab Iestyn am ei gymorth gyda'r dylunio a'r cynlluniau pensaer ar gyfer y Rheoliadau Adeiladu.

Cefais wybodaeth werthfawr am hen deuluoedd Llangywer gan Pamela Buttrey ac ymchwil gwerth chweil gan Nicola Harland am hanes fy nheulu.

Cwmni Williams Homes biau'r clod am y ffenest orau yn y tŷ, a diolch amdani!

Hoffwn ddiolch i Wasg Carreg Gwalch am gynhyrchu cyfrol mor ddeniadol, i Nia Roberts am gychwyn y daith olygyddol, i Eleri Owen am y dylunio, ac i Delyth Medi am yrru'r maen i'r wal. Diolch i Geraint Thomas am y llun pen pennod a'r llun o'r geifr a minnau ar y clawr cefn. Hefyd i Tegid Roberts am y braslun ar dudalen 4.

# GEIRFA

**Allyriadau Nwyon Tŷ Gwydr**
*nwyon sy'n achosi cynhesu byd-eang, yn enwedig carbon deuocsid a methan*

**Anadlu**
*deunydd sy'n gadael lleithder drwodd*

**Aerglos**
*deunydd sy'n rhwystro awyr rhag dod trwodd*

**Bioddiraddadwy**
*deunydd sy'n diraddio ac yn osgoi llygredd*

**Carbon**
*yng nghyd-destun newid yr hinsawdd mae'n cyfeirio at garbon deuocsid, ond hefyd storfeydd carbon megis pridd a choed ac ati*

**Gwerth 'U'**
*mesur symudiad gwres drwy ddeunydd W/m2K*

**Ôl Troed**
*mesur o effaith ar yr amgylchedd all olygu carbon, nwyon tŷ gwydr neu ffactorau eraill*

**Passivhaus**
*adeilad nad oes angen system wresogi arno*

**Pilen**
*haen o ddefnydd tenau at wahanol ddibenion adeiladu*

**Pont thermol**
*lle gall gwres bontio o un defnydd i'r llall*

**Sero Net**
*lleihau allyriadau nwyon tŷ gwydr lawr i sero – erbyn 2050 i osgoi cynhesu mwy na 1.5°C gradd*

**Ynni ymgorfforedig**
*mesur o'r holl ynni a ddefnyddir i gynhyrchu eitem o'r crud i'r bedd (Asesiad Gydol Oes)*

# GWYBODAETH PELLACH

**Menter Môn**
*Gwnaed â Gwlân: o'r cnu i'r cynnyrch:*

**Awdurdod Parc Cenedlaethol Eryri**
*Cyngor ynghylch camau effeithlonrwydd ynni mewn ardaloedd cadwraeth:*

**Adroddiad Cyflwr Natur Cymru 2023**

**Tŷ Cynaliadwy**
*Blog Cymraeg am drawsnewid tŷ yn gartref cynaladwy yn 2014. Yr unig blog Cymraeg ar y testun y gallwn ei ffeindio, yn disgrifio'r newidiadau i dŷ teras yng Nghymru (Caerdydd):*

**Club of Rome**
*The Limits to Growth 1972.*
Adroddiad yn trafod twf poblogaeth a thwf economaidd ac yn awgrymu bod yna gyfyngiadau arnynt mewn byd â therfynau pendant iddo.

Hwn ydi'r catalydd gwreiddiol i ddealltwriaeth o stad ein byd heddiw a'r angen am ymwybyddiaeth 'Un Blaned'.

**Canolfan y Dechnoleg Amgen: Prydain Di-Garbon**
*Yr ymchwil ddiweddaraf ar opsiynau i leihau allyriadau a symud at sero net.*